职业教育"十三五"规划教材

应用数学基础

主　编　马玉军　陈　锐　崔立书

副主编　关　键　张　莹　王　梁

主　审　武新杰　辜红兵

U0205752

西南交通大学出版社
·成都·

内容简介

全书分为八个项目,项目一是生活中的"且、或、非",主要锻炼学生的逻辑思维能力.项目二是计算基础,主要加强学生的基础计算能力和处理数字的能力.项目三、四分别是函数和三角函数,主要向学生介绍有关函数的概念、性质和三角函数的图像及性质.项目五是向量基础,主要介绍向量的概念、表示和基础计算方法.项目六、七、八是高等数学最基础的内容,包括极限与连续、导数及其应用、不定积分,主要介绍它们的最基础的计算方法和简单应用.

图书在版编目(CIP)数据

应用数学基础/马玉军,陈锐,崔立书主编.一成都:西南交通大学出版社,2019.8(2024.9 重印)
职业教育"十三五"规划教材
ISBN 978-7-5643-7035-0

Ⅰ.①应… Ⅱ.①马… ②陈… ③崔… Ⅲ.①应用数学 – 职业教育 – 教材 Ⅳ.①O29

中国版本图书馆 CIP 数据核字(2019)第 163516 号

职业教育"十三五"规划教材

应用数学基础

主编　马玉军　陈　锐　崔立书

责任编辑　张宝华
封面设计　墨创文化

印张：16　字数：398千
成品尺寸：185 mm×260 mm
版次：2019年8月第1版
印次：2024年9月第3次
印刷：成都中永印务有限责任公司
书号：ISBN 978-7-5643-7035-0

出版发行：西南交通大学出版社
网址：http://www.xnjdcbs.com
地址：四川省成都市二环路北一段111号
　　　西南交通大学创新大厦21楼
邮政编码：610031
发行部电话：028-87600564　028-87600533
定价：39.80元

课件咨询电话：028-81435775

图书如有印装质量问题　本社负责退换
版权所有　盗版必究　举报电话：028-87600562

齐齐哈尔技师学院教学改革教材
编审委员会

主　　任：辜红兵

副主任：武新杰　崔立书

主　　编：马玉军　陈　锐　崔立书

副主编：关　键　张　莹　王　梁

主　　审：武新杰　辜红兵

前　言

　　《中等职业学校数学课程标准》中明确指出：数学是现代文化的重要组成部分，它对形成人类的理性思维，促进人的智力发展具有不可替代的作用．创新教学的先行者里斯特伯先生指出："学生学习数学的目的就是要用数学知识来解决生活中的问题，只有极少数人才去攻克艰深的高端数学问题，我们不能为了培养少数尖端人才而忽略或者牺牲大多数学生的利益，所以说，数学首先应该是生活中的数学概念．"尤其在中等职业教育体系中，数学的教学理念更应在构建基础、实用的内容基础上，重视学习过程、改善学习方式，进而体现数学文化、培养数学素养．

　　为了把学生培养成具有一定数学素养和科学思维方式，且有创新精神和应用能力的中高级技术人才，在数学内容设置上应该做出哪些改变？如何才能在有限的教学课时中使学生掌握学习数学的方法，进而帮助学生提高其逻辑思维能力和解决问题的能力？如何才能调动学生学习数学的积极性，使学生喜欢上数学课？围绕着这些中职数学教育中的核心问题，我们编写组经过两年的时间编写了本套具有针对性的数学课改教材．首先，我们寻找专业基础课和专业课的老师进行调研，搜集他们最需要我们讲解的数学知识；其次，我们购买了相关的参考书以借鉴其他院校的教学改革方案；最后，针对我院学生的自身特点，我们制订了"闯关式教学模式"的课改方案．我们设计的课程内容由浅入深，其知识点一环套一环，此为"关"，学生也只有掌握了第一关才能去学习第二关，否则无法继续学习下去．在每一关里，我们借鉴了日本的公文式学习法，设计了递进式问题，以使学生在学习过程中的难度降低，且由学生自己进行学习和推导，以使其成为学习的主人．学生闯过一关又一关，知识"美景"引人入胜，从而建立起学习数学的兴趣和信心．数学课堂也不再是教师的一言堂，教师只起辅助引导和总结的作用，这充分体现了学生是主体、教师是主导的教学改革理念．在学完本书内容后，学生虽然只学习了一些基础的数学知识，但在学习过程中建立起来的对数学的兴趣和自信都是难能可贵的．通过本书的学习，可使学生在学会数学知识的同时，还学会了一定的数学学习方法，这也使学生在今后的学习和工作中，完全可以通过自学去解决可能遇到的更复杂的数学问题，其学习能力得到了可持续发展. 我们坚信：教会学生数学知识固然是重要的，但培养学生的学习能力更重要.

本书内容包括生活中的基本逻辑、基础计算、三角函数、向量、极限与连续、导数、不定积分等，几乎涵盖了中高级职业教育中数学的主要内容，可以满足不同层次师生的需求.

本书的教学内容都是我们课改小组自己开发的，由于时间紧、任务重，难免有不当之处，真诚地希望使用本教材的教师和学生向我们反馈信息，以便我们及时更正！

编审委员会

2019 年 4 月

目　录

项目 1 "且""或""非"

☁ 项目描述

本项目的主要内容包括命题的概念和逻辑联结词"且""或""非".

逻辑思维是人们进行思考和表达的基础工具. 逻辑代数是用来描述客观事物逻辑关系的数学方法, 它不仅在电路分析中有着广泛的应用, 同时对提高学生的逻辑思维能力也起到了重要作用.

✎ 项目整体教学目标

【知识目标】

理解"且""或""非"的含义, 会判断含有"且""或""非"的命题的真假.

【能力目标】

通过学习"且""或""非"的含义, 培养学生运用逻辑联结词准确表达相关内容的能力; 通过对逻辑联结词的使用, 培养学生的逻辑思维能力和分析事物的能力.

【素质目标】

培养学生思维的准确性, 培养学生思维的敏锐性.

任务　生活中的"且""或""非"

📋 教学目标

1. 知识目标

（1）理解"且""或""非"的含义.

（2）会判断含有"且""或""非"的命题的真假.

2. 能力目标

（1）通过学习"且""或""非"的含义，培养学生运用逻辑联结词准确表达相关内容的能力.

（2）通过对逻辑联结词的使用，培养学生的逻辑思维能力和分析事物的能力.

3. 素质目标

（1）培养学生思维的准确性.

（2）培养学生思维的敏锐性.

4. 应知目标

（1）掌握"且""或""非"的含义.

（2）会判断含有"且""或""非"的命题的真假.

📖 预习提纲

（1）命题：_____.

（2）列举出一个命题：_____.

（3）真命题：_____.

（4）列举出一个真命题：_____.

（5）假命题：_____.

（6）列举出一个假命题：_____.

📖 闯关学习

第一关　命题的概念

1. 观察思考

阅读下列语句：

（1）3 是整数.

（2）有的三角形三条边都相等.

（3）班级所有的同学都是男生.

（4）2 比 5 大.

讨论：这四个句子的共同点是：_____，

其中符合客观实际的有：_____，

不符合客观实际的有：_____.

2. 核心知识

（1）**命题：**把可以判断真假的语句叫做命题. 常用小写拉丁字母 $p, q, \cdots$ 表示命题.

（2）**真命题：**给出的判断正确或符合客观实际的命题是真命题.

（3）**假命题：**给出的判断错误或不符合客观实际的命题是假命题.

3. 学以致用

（1）判断下列语句是否是命题.

① 数学是一门有用的学科.

② 今天的校园好美呀！

③ 16 能被 4 整除.

④ $y > 2$.

（2）判断下列命题的真假，并说明理由.

① 0 是正数.

② 18 能被 4 整除.

③ 18 能被 3 整除.

④ 18 能被 3 整除且能被 2 整除.

第二关　逻辑联结词"且""或""非"

1. 观察思考

观察下列三个命题，分析它们之间的关系.

（1）p：12 能被 3 整除.

（2）q：12 能被 4 整除.

（3）12 能被 3 整除且能被 4 整除.

结论:如何用(1)和(2)来表示(3)呢? _____.

通过分析,我们知道(1)和(2)是真命题,从而(3)是_____.

2. 核心知识

"**且**":用逻辑联结词"且"把命题 p 和命题 q 联结起来,就得到了一个新命题,记作 $p \wedge q$,读作"p 且 q".

p,q 和 $p \wedge q$ 三者之间的真值关系如表 1-1 所示.

表 1-1

p	q	$p \wedge q$
真	真	真
真	假	假
假	真	假
假	假	假

"**或**":用逻辑联结词"或"把命题 p 和命题 q 联结起来,就得到了一个新命题,记作 $p \vee q$,读作"p 或 q".

这里的"或"与生活中的"或"意义不一样,生活中的"或"是二者任选其一,不能都选,而数学中的"或"可以二者选其一,也可以二者都选.

p,q 和 $p \vee q$ 三者之间的真值关系如表 1-2 所示.

表 1-2

p	q	$p \vee q$
真	真	真
真	假	真
假	真	真
假	假	假

"**非**":逻辑联结词"非"是由生活用语中的"不是"抽象而来的,用符号"$\neg$"表示.设 p 表示一个命题,那么 $\neg p$ 表示命题的否定,读作"非 p".

$p,\neg p$ 两者之间的真值关系如表 1-3 所示.

表 1-3

p	$\neg p$
真	假
假	真

3．学以致用

判断下列各命题的真假．

① 2 是 4 的约数且是 5 的约数．

② 矩形的对边相等且四个内角都是直角．

③ 齐齐哈尔是黑龙江省的省会且齐齐哈尔是黑龙江省第二大城市．

4．能力提升

（1）判断下列命题的真假．

① 两组对边分别平行的四边形是平行四边形．

② 三个角都相等的三角形是全等三角形．

③ 0 是奇数不是偶数．

（2）写出下列各命题的非，并判断真假．

① p：正方形的对边相等且对角线相等．

② p：4 是偶数．

③ p：全等三角形的面积相等或周长相等．

 应知检测

1．命题：_____．

2．判断下列命题的真假．

（1）北京是中国的首都．

（2）1.4 是分数．

（3）−1 不是整数或 −1 不是有理数．

作业巩固

判断下列命题的真假：

（1）64 是 2 的倍数且是 3 的倍数.

（2）一个角是直角的平行四边形一定是矩形.

（3）3 比 2 大或 2 是奇数.

（4）0 不是正数且不是负数.

 谈谈你的收获

_____

_____

项目 2　计算基础

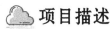 **项目描述**

　　本项目的主要内容包括分数的四则运算、乘方运算、开方运算，以及方程（组）的解法.
以上这些内容都是数学中最基础的计算知识，无论是后续的数学学习还是其他专业课的
学习，都离不开这些计算知识和方法. 因此，学习这些基本的计算知识是非常必要的，掌握
这些基本的计算能力能为学生的终身学习奠定基础.

项目整体教学目标

【知识目标】

　　掌握分数的四则运算、乘方运算、开方运算，以及方程（组）的解法，培养学生的基本
计算能力和掌握应用公式解决问题的方法.

【能力目标】

　　通过自主探究、合作探究，让学生充分参与数学的学习过程，从而发展学生观察、发现、
分析和解决问题的能力，以及概括、归纳的能力.

【素质目标】

　　通过课堂活动，培养学生严谨的治学态度和团队协作精神.

任务 2.1　分数的加减法运算

教学目标

1. 知识目标

（1）了解分数产生的过程，理解分数的意义.

（2）掌握分数的加减法运算法则.

2. 能力目标

（1）经历认识分数意义的过程，培养学生的抽象概括能力.

（2）会进行分数的加减法运算.

3. 素质目标

（1）培养学生分析问题和解决问题的能力.

（2）培养学生的计算能力.

4. 应知目标

（1）会进行同分母分数的加减法运算.

（2）会进行异分母分数的加减法运算.

预习提纲

分数定义：_____.

（1）分数单位：_____.

（2）最大公约数：_____.

（3）最小公倍数：_____.

（4）最简分数：_____.

闯关学习

第一关　分数的意义

1. 自主学习

在我们的日常生活中，为了能平均分配一些东西，常常会遇到不能用整数表示的情况.

比如, 两个小朋友平分一个橘子、一块月饼、一块饼干等. 每人分到的东西能用整数表示吗? 用什么分数表示?

讨论: 为什么用分数表示?

2. 核心知识

分数: 把单位 "_____" 平均分成若干份, 其中一份或几份都可以用分数来表示.

3. 学以致用

(1) 一堆糖, 平均分成三份, 其中两份是这堆糖的_____分之_____.

$\frac{1}{2}$ 表示的意义: _____.

$\frac{5}{6}$ 表示的意义: _____.

(2) $\frac{2}{7}$ 是把单位 "1" 平均分成_____份, 并表示这样_____份的数.

(3) $\frac{7}{11}$ 的分数单位是_____, 有_____个这样的分数单位, 再添上_____

个这样的分数单位就是自然数的 "1".

(4) 把 $\frac{9}{12}$ 化成最简分数是_____, $\frac{24}{30}$ 化成最简分数是_____.

4. 能力提升

把下列各数化成最简分数, 再比较各组分数的大小.

因为 $\frac{12}{16}$ = _____, $\frac{9}{12}$ = _____, 所以_____.

因为 $\frac{4}{12}$ = _____, $\frac{5}{20}$ = _____, 所以_____.

因为 $\frac{4}{14}$ = _____, $\frac{9}{21}$ = _____, 所以_____.

第二关　同分母分数的加减法

1. 自主学习

(1) 上星期小红生日那一天, 妈妈买回了一张大饼, 小红可高兴啦. 之后, 一家人坐在一起分吃大饼. 妈妈把饼平均分成 8 块, 其中爸爸吃了 3 块, 妈妈吃了 1 块, 问爸爸吃了这块饼的 (　　) 张? 妈妈吃了这块饼的 (　　) 张?

(2) 你能提出什么数学问题?

提出问题: 爸爸和妈妈一共吃了几张饼?

2. 核心知识

同分母分数的加减法法则： _____.

3. 学以致用

（1）$\dfrac{2}{9}+\dfrac{5}{9}=$ _____ ;　　（2）$\dfrac{2}{7}+\dfrac{5}{7}=$ _____ ;

（3）$\dfrac{5}{8}-\dfrac{1}{8}=$ _____ ;　　（4）$\dfrac{17}{20}-\dfrac{3}{20}=$ _____ .

4. 交流合作

你能用一句话概括同分母分数加、减法的计算法则吗？

第三关　异分母分数加减法

1. 自主学习

生活垃圾可分为四类，分别是生活垃圾、废金属、纸张和食品残渣、危险垃圾，其中，危险垃圾占生活垃圾的 $\dfrac{3}{20}$，废金属占生活垃圾的 $\dfrac{1}{4}$，纸张和食品残渣占生活垃圾的 $\dfrac{3}{10}$.

（1）纸张和废金属是可以回收的垃圾，一共占生活垃圾的几分之几？

（2）废金属和危险垃圾，一共占生活垃圾的几分之几？

2. 核心知识

最小公倍数：_____.

异分母分数的加减法法则：_____.

3. 学以致用

（1）$\dfrac{1}{2}+\dfrac{1}{3}=$ _____ ;　　（2）$\dfrac{3}{2}+\dfrac{1}{4}=$ _____ ;

（3）$\dfrac{1}{4}+\dfrac{1}{6}=$ _____ ;　　（4）$\dfrac{1}{2}-\dfrac{1}{3}=$ _____ .

4. 能力提升

（1）$\dfrac{1}{3}+\dfrac{3}{4}=$ _____ ;　　（2）$\dfrac{5}{6}+\dfrac{3}{7}=$ _____ ;

（3）$\dfrac{1}{5}+\dfrac{3}{4}=$ _____ ;　　（4）$\dfrac{6}{8}-\dfrac{3}{4}=$ _____ .

第四关 法则应用

在电工学中，并联电路等效电阻公式为：$\dfrac{1}{R} = \dfrac{1}{R_1} + \dfrac{1}{R_2} + \cdots + \dfrac{1}{R_n}$；

串联电路等效电阻公式为 $R = R_1 + R_2 + \cdots + R_n$.

如图 2-1 所示，已知 $R_1 = 3\,\Omega$，$R_2 = 2\,\Omega$，$R_3 = \dfrac{2}{3}\,\Omega$，

$R_4 = \dfrac{2}{5}\,\Omega$，求 AB 间的等效电阻 R_{AB} 的值.

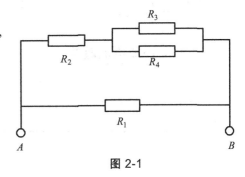

图 2-1

 应知检测

1. 同分母分数加减法运算.

（1） $\dfrac{5}{8} - \dfrac{1}{8} =$ _____；　　（2） $\dfrac{3}{14} + \dfrac{5}{14} - \dfrac{7}{14} =$ _____.

2. 异分母分数加减法运算.

（1） $\dfrac{2}{3} - \dfrac{1}{4} =$ _____；　　（2） $\dfrac{1}{4} - \dfrac{1}{6} =$ _____.

 作业巩固

必做题：

利用分数的运算法则计算.

（1） $\dfrac{7}{8} - \dfrac{5}{8} =$ 　　　（2） $\dfrac{2}{9} + \dfrac{1}{9} =$ 　　　（3） $\dfrac{6}{7} - \dfrac{2}{7} =$ 　　　（4） $\dfrac{3}{10} + \dfrac{1}{4} =$

（5） $\dfrac{3}{7} + \dfrac{1}{9} =$ 　　　（6） $\dfrac{1}{6} + \dfrac{1}{4} =$ 　　　（7） $\dfrac{1}{3} - \dfrac{1}{5} =$ 　　　（8） $\dfrac{5}{7} - \dfrac{1}{5} =$

选做题：

在〇里填上适当的运算符号.

（1）$\dfrac{5}{8} \bigcirc \dfrac{1}{8} = \dfrac{3}{4}$；

（2）$\dfrac{16}{24} \bigcirc \dfrac{10}{24} = \dfrac{1}{4}$；

（3）$\dfrac{5}{10} \bigcirc \dfrac{2}{10} \bigcirc \dfrac{1}{10} = \dfrac{4}{5}$；

（4）$\dfrac{5}{9} \bigcirc \dfrac{1}{2} = \dfrac{1}{18}$；

（5）$\dfrac{2}{3} \bigcirc \dfrac{1}{4} = \dfrac{11}{12}$；

（6）$\dfrac{5}{6} \bigcirc \dfrac{1}{3} = \dfrac{1}{2}$.

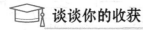

谈谈你的收获

_____

_____

_____

任务 2.2　分数的乘除法

教学目标

1. 知识目标

（1）理解分数乘除法的意义.

（2）掌握分数乘除及分数乘除混合计算的方法.

2. 能力目标

（1）经历认识分数乘除法意义的过程，培养学生的计算能力.

（2）由分数乘法得出乘法与除法之间的关系，培养学生的知识迁移能力.

3. 素质目标

（1）培养学生的计算能力.

（2）培养学生用数学知识解决实际问题的能力.

4. 应知目标

（1）会进行分数乘法运算.

（2）会进行分数除法运算.

预习提纲

（1）分数乘法法则：

① 分数乘整数时，_____.

② 分数乘分数时，_____.

（2）倒数：_____.

（3）分数除法法则：_____.

（4）分数四则运算顺序：_____.

📖 **闯关学习**

第一关　分数的乘法

1. 自主学习

探究 $\dfrac{3}{10} + \dfrac{3}{10} + \dfrac{3}{10} = ?$

（1）这道加法运算中的加数分别是多少？

（2）表示几个相同加数的和，我们还可以用什么方法来计算？怎么列式？

（3）$\dfrac{3}{10} + \dfrac{3}{10} + \dfrac{3}{10} = \dfrac{9}{10}$，

又 $\dfrac{3}{10} + \dfrac{3}{10} + \dfrac{3}{10} = \dfrac{3}{10} \times 3$.

所以 $\dfrac{3}{10} \times 3 = $ _____ $= \dfrac{9}{10}$.

2. 核心知识

（1）**分数乘法的意义**：

① **分数乘以整数**：和整数乘法意义相同，分数乘以整数就是求几个相同_____的运算.

② **一个数乘以分数**：是求一个数的_____是多少.

（2）**分数乘法法则**：

① **分数乘整数**，就是用分数的_____和整数相乘的积作分子，_____不变（能约分的要在计算过程中先约分）.

② **分数乘分数**，就是用_____相乘的积作分子，_____相乘的积作分母，能约分的要约成最简分数（在计算过程中约分）.

3. 学以致用

利用分数乘法法则求解.

（1）$\dfrac{2}{5} \times \dfrac{3}{4} = $ _____；　　　　（2）$\dfrac{6}{7} \times \dfrac{7}{8} = $ _____；

（3）$\frac{5}{9} \times \frac{8}{15} =$ _____；　　　　（4）$\frac{9}{11} \times \frac{7}{15} =$ _____；

（5）$\frac{12}{25} \times \frac{15}{16} =$ _____；　　　　（6）$\frac{4}{5} \times \frac{9}{10} =$ _____．

4. 能力提升

（1）$\frac{2}{3} \times \frac{5}{16} =$　　　　　（2）$\frac{7}{8} \times \frac{5}{21} =$　　　　　（3）$\frac{4}{9} \times \frac{17}{26} =$

（4）$\frac{14}{15} \times \frac{25}{21} =$　　　　　（5）$\frac{20}{27} \times \frac{3}{6} =$　　　　　（6）$\frac{7}{9} \times \frac{18}{35} =$

（7）$\frac{6}{11} \times \frac{22}{15} =$　　　　　（8）$\frac{17}{27} \times \frac{45}{68} =$　　　　　（9）$\frac{19}{33} \times \frac{11}{38} =$

（10）$\frac{8}{19} \times \frac{17}{20} =$　　　　　（11）$\frac{13}{21} \times \frac{7}{26} =$　　　　　（12）$\frac{8}{9} \times \frac{27}{40} =$

第二关　分数的除法

1. 自主学习

准备两张长方形的纸，

（1）把一张纸的 $\frac{4}{5}$ 平均分成 2 份，每份是这张长方形纸的几分之几？

（2）把一张纸的 $\frac{4}{5}$ 平均分成 3 份，每份是这张长方形纸的几分之几？

讨论：从这个实验和计算过程来看，你发现可以怎样计算分数除法？0 可以作除数吗？

2. 核心知识

（1）**倒数**：是指与某数（x）相乘的积为____的数，记为$\frac{1}{x}$.

说明：除了____以外的数都存在倒数，只有____没有倒数.

（2）**除法与乘法的关系**：分数除法是分数乘法的____运算.

（3）**分数除法运算法则**：甲数除以乙数（0除外），等于甲数乘乙数的____.

（4）**分数四则运算的顺序**：先____后____，同级运算从____往____按顺序计算，带括号的，先算____括号里面的，再算中括号里面的，然后算括号外边的.

3. 学以致用

利用运算法则求解.

（1）$\frac{8}{9} \div 4 =$ _____；

（2）$15 \div \frac{3}{10} =$ _____；

（3）$\frac{3}{10} \div \frac{4}{15} \times \frac{2}{3} =$ _____；

（4）$12 \div \left(\frac{1}{2} \times 3 \right) =$ _____.

4. 能力提升

（1）$\frac{15}{22} \div 10 =$

（2）$45 \div \frac{9}{14} =$

（3）$\frac{3}{5} \div \frac{1}{6} =$

（4）$\frac{2}{7} \div \frac{8}{21} =$

（5）$\frac{3}{5} \times \frac{1}{6} \div \frac{7}{5} =$

（6）$\frac{8}{9} \div \frac{4}{7} \div \frac{1}{3} =$

（7）$\frac{5}{14} \div \frac{4}{21} \times \frac{16}{25} =$

（8）$2 - \frac{6}{13} \div \frac{9}{26} - \frac{2}{3} =$

（9）$\left(\frac{3}{4} - \frac{3}{16} \right) \times \left(\frac{2}{9} + \frac{1}{3} \right) =$

（10）$\frac{2}{3} \div \frac{7}{8} \times \frac{7}{12} =$

第三关　运算法则应用

1. 一杯 250 mL 鲜奶大约含有 $\frac{3}{10}$ g 的钙质，约占一个成年人一天所需钙质的 $\frac{3}{8}$. 一个成年人一天大约需要多少克钙质？

2. 已知热量 $Q = \frac{U^2 t}{R}$，某电烤箱的电阻 R 是 5 Ω，工作电压是 U =220 V，通电 15 min 能放出多少热量？

3. 已知 $I_1 R_1 = I_2 R_2$，$R_1 = 2\,\Omega$，$R_2 = 3\,\Omega$，现把 R_1 和 R_2 两个电阻并联后接入一直流电源中，测得通过 R_1 的电流为 $\frac{3}{4} A$，则通过 R_2 的电流为多少？

 应知检测

1. 利用分数乘法法则求解.

（1）$\frac{13}{19} \times \frac{38}{39} =$ _____；（2）$\frac{9}{10} \times \frac{50}{63} =$ _____；（3）$\frac{12}{34} \times \frac{17}{36} =$ _____.

2. 利用分数除法法则求解.

（1）$\frac{8}{9} \div \frac{1}{2} =$ _____；（2）$\frac{5}{23} \div 3 =$ _____.

 作业巩固

必做题：

利用分数的运算法则计算.

（1）$\frac{7}{9} \times \frac{4}{5} =$

（2）$\frac{999}{1000} \times 0 =$

（3）$\dfrac{2}{3} \times \dfrac{6}{24} =$ 　　　　　　　　（4）$\dfrac{9}{2} \div \dfrac{7}{8} \times \dfrac{7}{12} =$

选做题：

利用分数的运算法则计算.

（1）$\dfrac{8}{13} \div 7 + \dfrac{1}{8} \times \dfrac{4}{13} =$ 　　　（2）$\dfrac{2}{9} + \dfrac{3}{8} \times \dfrac{5}{9} + \dfrac{1}{8} =$ 　　　（3）$\left(\dfrac{5}{12} + \dfrac{5}{9} \right) \div \dfrac{11}{8} =$

 谈谈你的收获

_____

_____

任务 2.3　科学记数法与近似数

 教学目标

1. 知识目标

（1）能用科学记数法表示大数，了解近似数与有效数字的概念.

（2）会按要求求出近似数和有效数字.

2. 能力目标

（1）通过自我探究，生生合作，师生合作，让学生充分参与数学的学习过程，使学生会求近似数，知道有效数字的意义.

（2）会用科学记数法表示很大或很小的数.

3. 素质目标

（1）培养学生的自主学习能力.

（2）培养学生的计算能力.

4. 应知目标

（1）会用科学记数法表示很大的数.

（2）会用四舍五入法求近似值.

📖 预习提纲

（1）在生活中找出你认为非常大的五个数的例子：＿＿＿＿＿＿＿＿＿＿＿＿＿＿＿＿

＿＿＿＿＿＿＿＿＿＿＿＿＿＿＿＿＿＿＿＿＿＿＿＿＿＿＿＿＿＿＿＿＿＿＿＿＿＿＿．

（2）科学记数法：＿＿＿＿＿＿＿＿＿＿＿＿＿＿＿＿＿＿＿＿＿＿＿＿＿＿＿＿＿＿＿．

（3）近似数的精确位：＿＿＿＿＿＿＿＿＿＿＿＿＿＿＿＿＿＿＿＿＿＿＿＿＿＿＿＿．

（4）有效数字：＿＿＿＿＿＿＿＿＿＿＿＿＿＿＿＿＿＿＿＿＿＿＿＿＿＿＿＿＿＿＿＿．

📖 闯关学习

第一关　科学记数法

1. 自主学习

（1）展示你收集的你认为非常大的数，并与小组同学交流. 你觉得记录这些数据方便吗？

（2）现实生活中，我们会遇到一些比较大的数，例如，太阳的半径、光的速度、我国人口数量，等等. 读写这样大的数有一定的困难，下面来看看 10 的乘方的特点：

$10^2 = 100$，$10^3 = 1\,000$，$10^6 = 1\,000\,000$，$10^8 = 100\,000\,000$，……，

$10^n = $＿＿＿＿＿（＿＿个"0"），$10^{-n} = $＿＿＿＿＿．

讨论：对于一般的大数，如何简单地表示出来？

$3\,000\,000 = 3 \times 1\,000\,000 = 3 \times$＿＿＿＿＿＿＿＿＿＿＿＿＿＿＿＿＿＿；

$120\,000\,000 = 1.2 \times 100\,000\,000 = 1.2 \times$＿＿＿＿＿＿＿＿＿＿＿＿＿＿．

结论：观察上述例子可以发现，它们在形式上都被写成了＿＿＿＿＿＿＿＿× ＿＿＿＿＿＿＿＿＿＿，其中前者的范围是＿＿＿＿＿＿＿＿＿＿＿，后者的共同点是＿＿＿＿＿＿＿＿＿＿＿＿．

2. 核心知识

科学记数法：把一个数表示成＿＿＿＿＿＿＿＿＿＿＿ 的形式，其中 $1 \leqslant a < 10$ 或 $-10 < a \leqslant -1$，n 是正整数，这种记数方法叫做科学记数法.

3. 学以致用

（1）用科学记数法表示下列各数.

$10\,000\,000 = $＿＿＿＿＿＿＿＿＿＿＿＿＿＿＿＿＿＿＿＿＿＿＿＿；

$7\,530\,000 = $＿＿＿＿＿＿＿＿＿＿＿＿＿＿＿＿＿＿＿＿＿＿＿＿；

$-20\,000\,000\,000 = $＿＿＿＿＿＿＿＿＿＿＿＿＿＿＿＿＿＿＿＿＿；

$-12\,500\,000 = $＿＿＿＿＿＿＿＿＿＿＿＿＿＿＿＿＿＿＿＿＿＿．

（2）下列用科学记数法表示的数，原来各是什么数？

① 10^6；

② 2.5×10^4；

③ 3.521×10^7；

④ -1.52×10^8.

4. 能力提升

地球绕太阳公转的速度约为 1.1×10^5 km/h，声音在空气中传播的速度为 330 m/s，试比较这两个速度的大小.

5. 举一反三

（1）**思考**：利用科学记数法，如何表示非常小的数呢？

提示：$0.1 = \dfrac{1}{10} = 10^{-1}$；　　　　　　$0.01 = \dfrac{1}{100} = \dfrac{1}{10^2} = 10^{-2}$；

$0.001 = \dfrac{1}{1\ 000} = \dfrac{1}{10^3} = 10^{-3}$；　　$0.0001 = \dfrac{1}{10\ 000} = \dfrac{1}{10^4} = 10^{-4}$.

（2）**结论**：_____.

（3）**应用**：用科学记数法表示下列各数：

0.000 000 001=_____；

0.000 025=_____；

 − 0.000 123=_____.

第二关　近似计算

1. 自主学习

（1）观察下面几个数据，找出它们的共同点：_____.

① 我国最长的河流长江全长约为 6 300 千米.

② 我国铁路职工总数为 3 200 000 人左右.

③ 哈尔滨地铁总投资额接近 800 亿元.

（2）回顾四舍五入法，取近似值：

如：$\pi \approx 3$；　　　　　　（精确到个位）

$\pi \approx 3.1$；　　　　　　（精确到 0.1 或精确到十分位）

$\pi \approx 3.14$；　　　　　　（精确到_____或精确到_____位）

$\pi \approx$_____.　　　　　　（精确到 0.000 1 或精确到_____位）

2. 核心知识

（1）**近似数**：生活中有的量很难或没有必要用准确数表示，而是用一个有理数近似地表示出来，我们称这个有理数为这个量的近似数.

（2）**精确度**：是指近似数与准确数的 _____.

（3）**取近似值的方法**：

① **四舍五入法**：_____.

② **有效数字法**：_____.

3. 学以致用

（1）用四舍五入法取近似数.

0.003 59（精确到 0.0001）≈ _____；

0.057 96（保留三位有效数字）≈ _____；

67 595 387（保留三位有效数字）≈ _____；

61.235（精确到个位）≈ _____；

0.051 74（精确到 0.1）≈ _____.

（2）求下列各数的近似值.

2.308（保留两位有效数字）≈ _____；

0.023 8（保留两位有效数字）≈ _____.

4. 交流合作

试比较由四舍五入法取得的近似数 1.30 万与 1.30×10^4 的有效数字与精确度是否相同？

第三关　用计算器计算

1. 自主学习

让我们来进行一次计算比赛，用你喜欢的方法来完成，把答案写在练习纸上，看谁算得又对又快.

（1）18+21= _____；　　（2）56÷7= _____；　　（3）3028 − 2956= _____；

（4）589 × 76= _____；　　（5）98+199= _____；　　（6）12+459+88= _____.

2. 核心知识

用计算器计算按顺序输入即可，关键是 _____、_____、_____ 键的应用.

3. 学以致用

用计算器计算（精确到 0.1）.

（1）$2 \times 3.13 \times 4.23 - 8.2 \times 1.6 \approx$ _____；

（2）$\dfrac{1.6^3 - 3.2 \times (5.43 - 4.23)}{-2 \times (6.4 + 2.52) + 3.1 \times (-2.6)}$ （结果保留四位有效数字）

　　$\approx$ _____.

4. 能力提升

用计算器计算.

（1）$-3.14 + 5.76 - 7.19 \approx$ _____；

（2）$2.5 \times 76 \div (-0.19) \approx$ _____；

（3）$-125 - 0.42 \div (-7) \approx$ _____；

（4）$-389 \div 15.2 - 8 \times 3$（结果保留三位有效数字）$\approx$ _____；

（5）$\dfrac{5^3 - (8 \times 3.8 + 4^2)}{\dfrac{2}{5} - 36 \times 1.7^3 + (5.6 - 4 \times 5)}$ （结果精确到 0.1）$\approx$ _____.

应知检测

1. 用科学记数法表示下列各数.

$4\,100\,000=$ _____；　　$-0.000\,003\,4=$ _____.

2. 求下列各数的近似值.

$3.894\,5$（保留三位有效数字）$\approx$ _____；

$2\,764.62$（四舍五入到个位）$\approx$ _____.

作业巩固

必做题：

1. 用科学记数法表示下列各数.

（1）$5\,000=$ _____；　　（2）$2\,000\,400=$ _____；

（3）$123\,489=$ _____；　　（4）$369\,369\,000=$ _____.

2. 用四舍五入法按括号内要求对下列各数求近似值，有几位有效数字.

（1）$0.851\,49$（精确到千分位），有 _____ 位有效数字；

（2）47.6（精确到个位），有 _____ 位有效数字；

（3）$1.597\,2$（精确到 0.01），有 _____ 位有效数字.

3. 写出下列各数的有效数字.

（1）$0.020\,67$（保留三位有效数字），有效数字是 _____；

（2）$64\,340$（保留一位有效数字），有效数字是 _____；

（3）$60\,304$（保留二位有效数字），有效数字是 _____.

选作题：

德国科学家贝塞尔推算出天鹅座第 61 颗暗星距地球 102 000 000 000 000 km，比太阳距地球还远 690 000 倍．

（1）用科学记数法表示出暗星到地球的距离：＿＿＿＿＿＿＿＿＿＿＿＿＿＿＿＿＿＿．

（2）用科学记数法表示出 690 000 这个数：＿＿＿＿＿＿＿＿＿＿＿＿＿＿＿＿＿＿．

（3）如果光线每秒钟大约可行 300 000 km，那么你能计算出从暗星发出的光线到地球需要多少秒吗？请用科学记数法表示出来：＿＿＿＿＿＿＿＿＿＿＿＿＿＿＿＿＿＿＿＿．

 谈谈你的收获

＿＿＿＿＿＿＿＿＿＿＿＿＿＿＿＿＿＿＿＿＿＿＿＿＿＿＿＿＿＿＿＿＿＿＿＿＿＿

＿＿＿＿＿＿＿＿＿＿＿＿＿＿＿＿＿＿＿＿＿＿＿＿＿＿＿＿＿＿＿＿＿＿＿＿＿＿

＿＿＿＿＿＿＿＿＿＿＿＿＿＿＿＿＿＿＿＿＿＿＿＿＿＿＿＿＿＿＿＿＿＿＿＿＿＿

任务 2.4　乘方运算

 教学目标

1. 知识目标

（1）掌握乘方的概念．
（2）掌握乘方的计算．

2. 能力目标

（1）学会运用运算法则进行乘方的计算．
（2）能够在其他学科中进行乘方的计算．

3. 素质目标

（1）培养学生的自主学习能力．
（2）培养学生的团队协作精神．

4. 应知目标

（1）会运用乘方运算法则进行计算．
（2）牢记整数指数幂的运算法则．

预习提纲

（1）乘方的定义：＿＿＿＿＿＿＿＿＿＿＿＿＿＿＿＿＿＿＿＿＿＿＿＿＿＿＿＿＿＿．

（2）乘方的运算顺序：＿＿＿＿＿＿＿＿＿＿＿＿＿＿＿＿＿＿＿＿＿＿＿＿＿＿.

（3）整数指数幂的运算法则：＿＿＿＿＿＿＿＿＿＿＿＿＿＿＿＿＿＿＿＿＿＿＿.

闯关学习

第一关　乘方的定义

1. 自主学习

（1）边长为 a 的正方形的面积是＿＿＿＿＿＿，棱长为 a 的正方体的体积是＿＿＿＿＿＿.

讨论：以上式子的简单记法.

（2）计算：

算式一：$2 \times 3 \times 5 \times 8 =$＿＿＿＿＿＿＿；

算式二：$2 \times 2 \times 2 \times 2 =$＿＿＿＿＿＿＿.

在乘法运算中，当每一个乘数都相同的时候，即算式二，我们可以把它简写成：

$2 \times 2 \times 2 \times 2 =$＿＿＿＿＿＿＿，即乘方.

实际上，乘方就是特殊的＿＿＿＿＿＿＿.

当乘法运算满足每个乘数都＿＿＿＿＿＿＿的时候，就可以写成乘方的形式.

总结：$a \cdot a =$＿＿＿＿＿＿＿，读作 a 的平方（或 a 的二次方）；

$a \cdot a \cdot a =$＿＿＿＿＿＿，读作 a 的立方（或 a 的三次方）；

$a \cdot a \cdot a \cdot a =$＿＿＿＿＿，读作 a 的四次方；

……

以此类推，如果有 n 个相同的因数 a 相乘，即：

$$\underbrace{a \cdot a \cdot a \cdot a \cdot \dots \cdot a}_{n} = \text{＿＿＿＿＿＿}, \text{读作 } a \text{ 的 } n \text{ 次方（ } n \geqslant 2, n \in \mathbf{Z} \text{ ）.}$$

2. 核心知识

（1）**乘方**：求 n 个相同因数的乘积的运算叫做乘方. 运算的结果叫做幂，如下式所示.

$$\underbrace{a \cdot a \cdot a \cdot a \cdot \dots \cdot a}_{n \text{个}} = a^n \quad (a \in \mathbf{R}, n \in \mathbf{Z}^+)$$

a^n 读作 a 的 n 次方，或 a 的 n 次幂，其中 a 叫做底数，n 叫做指数. 如图 2-2 所示.

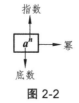

图 2-2

注意：一个数可以表示成这个数本身的一次方. 例如：$5 = 5^1$（指数 1 通常省略不写）.

（2）**零指数幂**：$a^0 = 1(a \neq 0)$.

（3）**负整数指数幂**：$a^{-n} = \dfrac{1}{a^n}$（$a \neq 0$，n 是正整数）.

3. 学以致用

（1）填表 2-1 计算.

表 2-1

	底数	指数	读法
5^3			
$\left(-\dfrac{2}{3}\right)^4$			
$\left(\dfrac{5}{6}\right)^0$			

（2）填表 2-2 总结.

表 2-2

我们学过的运算形式	加法	减法	乘法	除法	乘方
运算结果					

4. 能力提升

把下列各式写成乘方运算的形式，并指出底数、指数各是多少？

（1）$(-2.3) \times (-2.3) \times (-2.3) \times (-2.3)$；

（2）$x \cdot x \cdot x \cdots x$（2010 个 x 的积）.

第二关　乘方的运算

1. 自主学习

计算下列式子:

（1）$2^3 \times 2^2 =$ _____; 　　　　（2）$3^3 \div 3^2 =$ _____.

2. 核心知识

（1）混合运算的运算顺序.

① 先乘方, 再乘除, 最后加减;

② 同级运算, 从左到右进行;

③ 如有括号, 先做括号内的运算, 按小括号、中括号、大括号的顺序依次进行, 再按照上面两条法则进行运算.

（2）整数指数幂的运算法则

同底数幂相乘: $a^m \cdot a^n = a^{m+n}$;

同底数幂相除: $a^m \div a^n = a^{m-n}$;

幂的幂: $(a^m)^n = a^{m \cdot n}$;

乘积的幂: $(a \cdot b)^n = a^n \cdot b^n$;

商的幂: $\left(\dfrac{a}{b}\right)^n = \dfrac{a^n}{b^n}$.

其中 $a, b \neq 0$; m, n 是整数.

3. 学以致用

（1）$3^2 =$ _____; 　$3^3 =$ _____; 　$3^4 =$ _____; 　$3^5 =$ _____.

（2）$(-2)^2 =$ _____; 　$(-2)^3 =$ _____; 　$(-2)^4 =$ _____; 　$(-2)^5 =$ _____.

4. 能力提升

（1）$(\sqrt{3})^0 =$ _____; 　　　　（2）$\left(\dfrac{1}{2}\right)^{-3} =$ _____;

（3）$(2^3)^2 =$ _____; 　　　　（4）$0.01^{-2} =$ _____;

（5）$28 - 3^3 \div (-3) \times (-2) =$ _____;

（6）$3 \times (-4) - (-2)^5 \div (-8) + 2 =$ _____.

总结规律:

对于底数是正数的幂值的符号: _____

_____.

对于底数是负数的幂值的符号: _____

_____.

第三关　乘方的应用

1. 在电工学中的应用

（1）电流的国际单位为 A（安培），则 kA（千安）、mA（毫安）、μA（微安）与 A（安培）的换算关系为：

$$1\,kA = 10^3\,A, \quad 1\,mA = 10^{-3}\,A, \quad 1\,\mu A = 10^{-3}\,mA = 10^{-6}\,A.$$

（2）电阻的单位除了Ω（欧姆）外，还有 kΩ（千欧）和 MΩ（兆欧），它们和Ω的换算关系为：

$$1\,k\Omega = 10^3\,\Omega, \quad 1\,\Omega = 10^{-3}\,k\Omega = 10^{-6}\,M\Omega.$$

2. 在机械中的应用

已知：$1\,MPa = 10^6\,Pa$，某液压千斤顶在压油过程中，柱塞泵油腔内的油液压力为：

$$P = 5.115 \times 10^7\,Pa = 51.15\,MPa.$$

 应知检测

1. $(-2)^3 \times (-3) - [(-25) \times (-6) \div (-5)] = $ ＿＿＿＿＿＿＿.

2. $\pi^0 - (-1)^{100} = $ ＿＿＿＿＿＿＿.

3. $x^2 \cdot x^3 = $ ＿＿＿＿＿＿＿.

4. $(a^2 \cdot b^3)^3 = $ ＿＿＿＿＿＿＿.

 作业巩固

必做题：

1. $(-5)^0$ 有意义吗？为什么？

2. 计算：

（1）$(\pi - \sqrt{5})^0 = $ ＿＿＿＿＿＿＿；　　　（2）$0.1^{-2} = $ ＿＿＿＿＿＿＿；

（3）$\left(-\dfrac{2}{3}\right)^{-3} = $ ＿＿＿＿＿＿＿；　　　（4）$5^4 = $ ＿＿＿＿＿＿＿.

选做题：

1. 计算：

（1）$1\dfrac{1}{2} \times \left[3 \times \left(-\dfrac{5}{3} \right)^2 - 1 \right]$；

（2）$-2 - (-2)^2 + 3^3 \div 3 \times \dfrac{1}{3}$.

2. 将下列数据写成科学记数法的形式：

（1）20 kA = _____ A；

（2）36.28 MPa = _____ Pa.

 谈谈你的收获

_____

_____

任务 2.5　二次根式

 教学目标

1. 知识目标

（1）掌握二次方根的概念.

（2）掌握二次方根的计算.

2. 能力目标

（1）学会运用运算法则进行二次方根的计算.

（2）能够在其他学科中进行二次方根的计算.

3. 素质目标

（1）培养学生的主动学习能力.

（2）培养学生的动手实践能力.

4. 应知目标

（1）会进行二次方根的计算.

（2）能熟记常用平方数.

📖 **预习提纲**

（1）平方运算：_____.

（2）开平方运算：_____.

（3）算术平方根：_____.

（4）平方根：_____.

📖 **闯关学习**

第一关　平方与开平方的关系

1. 自主学习

表 2-3

平方运算（括号里的数为任意实数）	开平方运算
$3^2 =$ _____；　$(-3)^2 =$ _____	$($　　　　$)^2 = 9$
$0.5^2 =$ _____；　$(-0.5)^2 =$ _____	$($　　　　$)^2 = 0.25$
$\left(\dfrac{4}{5}\right)^2 =$ _____；　$\left(-\dfrac{4}{5}\right)^2 =$ _____	$($　　　　$)^2 = \dfrac{16}{25}$
$12^2 =$ _____；　$(-12)^2 =$ _____	$($　　　　$)^2 = 144$

请同学们仿照表 2-3 的例子，完成表 2-4：

表 2-4

$0^2 =$ _____	$($　　　　$)^2 = 0$

2. 核心知识

（1）**左列**——已知底数和指数，求幂的运算，叫**平方运算**.

（2）**右列**——已知指数和幂，求底数的运算，叫**开平方运算**.

（3）**结论：**

开平方运算和平方运算之间的关系是互为_____.

第二关   记住平方数，方便开平方

计算并完成表 2-5：

表 2-5

x	x^2	x	x^2
1		11	
2		12	
3		13	
4		14	
5		15	
6		16	
7		17	
8		18	
9		19	
10		20	

第三关   算术平方根的概念

1. 自主学习

已知正方形的边长，我们会计算它的面积. 反之，如果知道了正方形的面积，你会求它的边长吗？

（1）一个正方形的面积是 4，它的边长是多少？

（2）一个正方形的面积是 9，它的边长是多少？

（3）一个正数的平方是 16，这个数是多少？

（4）对于任何一个正数，是否都可以写成两个相同因数乘积的形式？

（5）如果已知一个正数，如何求出哪个数的平方等于它呢？

2. 核心知识

定义：如果一个正数 x 的平方等于 a，即 $x^2 = a$，那么这个正数 x 叫做 a 的算术平方根.

记作：$\sqrt{a}$.

形如 $\sqrt{a}(a \geqslant 0)$ 的式子叫做二次根式，"$\sqrt{}$"叫做二次根号.

规定：0 的算术平方根是 0，即：$\sqrt{0} = 0$.

3. 学以致用

（1）填表 2-6：

表 2-6

平方运算（括号里的数 ≥ 0）	算术平方根运算
($\quad$)^2 = 256	$\sqrt{256}$ =
($\quad$)^2 = 1.69	$\sqrt{1.69}$ =
($\quad$)^2 = $\dfrac{16}{49}$	$\sqrt{\dfrac{16}{49}}$ =
($\quad$)^2 = $2\dfrac{7}{9}$	$\sqrt{2\dfrac{7}{9}}$ =
($\quad$)^2 = 0	$\sqrt{0}$ =

（2）**性质：**

① 算术平方根的被开方数具有非负性.

即在 $x^2 = a$ 中，因为 $x^2 \geq 0$，所以被开方数 $a \geq 0$.

② 算术平方根的结果具有非负性.

即在 $\sqrt{a} = x$ 中，因为 $x \geq 0$，所示算术平方根的结果 $\sqrt{a} \geq 0$.

第四关　平方根的概念

1. 自主学习

填写表 2-7，并找出规律.

表 2-7

1^2 = _____；$(-1)^2$ = _____	($\quad$)^2 = 1
2^2 = _____；$(-2)^2$ = _____	($\quad$)^2 = 4
3^2 = _____；$(-3)^2$ = _____	($\quad$)^2 = 9
4^2 = _____；$(-4)^2$ = _____	($\quad$)^2 = 16

（1）一个数的平方是 9，那么这个数是多少？

（2）一个数的平方是 36，那么这个数是多少？

2. 核心知识

定义：如果一个数 x 的平方等于 a，即 $x^2 = a$，那么这个数 x 叫做 a 的平方根或二次方根．
记作：$\pm\sqrt{a}$，读作："正、负根号下 a"．

规定：0 的平方根是 0，即：$\pm\sqrt{0} = 0$．

3. 学以致用

请同学们完成表 2-8：

表 2-8

平方运算（括号里的数为任意实数）	平方根运算
$(\quad\quad)^2 = 121$	$\pm\sqrt{121} =$
$(\quad\quad)^2 = 0.49$	$\pm\sqrt{0.49} =$
$(\quad\quad)^2 = \dfrac{25}{81}$	$\pm\sqrt{\dfrac{25}{81}} =$
$(\quad\quad)^2 = 0$	$\pm\sqrt{0} =$
$(\quad\quad)^2 = -9$	$\sqrt{-9} =$

4. 应用总结

（1）平方根的特点：_____．

（2）0 的平方根是_____．

（3）负数_____平方根．

（4）算术平方根与平方根的区别是_____．

（5）要使二次根式在实数范围内有意义，必须满足被开方数_____．

（6）平方运算与开方运算互为逆运算，因此：

对 3 先平方，再开方 $\sqrt{3^2}$ 得到：_____；

对 3 先开方，再平方 $(\sqrt{3})^2$ 得到：_____．

第五关　二次根式的应用

在电工学中，正弦交流电的有效值和最大值之间有如下关系：

$$有效值 = \frac{1}{\sqrt{2}} \times 最大值 \approx 0.707 \times 最大值．$$

学生讨论：0.707 是怎么得来的？

第六关　尝试用手机计算器进行开平方计算

（1）$\sqrt{106}$（保留四位有效数字）$\approx$ _____；

（2）$\dfrac{1}{\sqrt{2}}$（精确到 0.001）$\approx$ _____；

（3）$\sqrt{56.8}$（保留四位有效数字）$\approx$ _____．

应知检测

1. 0 的平方根是 _____．

2. $\sqrt{\dfrac{49}{64}}=$ _____．

3. $\dfrac{36}{81}$ 的算数平方根为 _____．

作业巩固

必做题：

1. 计算：

（1）$\dfrac{25}{16}$ 的平方根为 _____；　　　（2）$\pm\sqrt{\dfrac{16}{81}}=$ _____．

2. 判断对错：

（1）5 是 25 的算术平方根．　　　　　　（　　　　）

（2）–6 是 $(-6)^2$ 的算术平方根．　　　　（　　　　）

（3）0 的算术平方根和平方根都是 0．　　（　　　　）

3. 一个正方形的面积是 10 cm²，求以这个正方形的边长为直径的圆的面积．

（要求：先作图，再求解）

选做题：

已知：电流 $I=\sqrt{\dfrac{P}{R}}$，求一个额定值为 $R=100\ \Omega$，$P=\dfrac{1}{4}$ W 的碳膜电阻，

（1）允许流过的最大电流是多少？

（2）已知 $U=\sqrt{PR}$，此电阻能否接到 10 V 的电压上使用？

谈谈你的收获

_____

_____

_____

任务 2.6　根式计算

教学目标

1. 知识目标

（1）掌握二次根式的基本性质.

（2）掌握二次根式的乘除运算.

（3）掌握二次根式的化简和分母有理化.

2. 能力目标

（1）学会运用运算法则进行二次方根的乘除运算.

（2）能够在其他学科中进行二次方根的运算.

3. 素质目标

（1）培养学生的自主学习能力.

（2）培养学生的勇于探索精神.

4. 应知目标

（1）会进行二次根式的乘除运算.

（2）会进行二次根式的化简和分母有理化.

预习提纲

（1）二次根式的基本性质：_____.

（2）二次根式的乘除运算：_____.

（3）最简二次根式：

① _____.

② _____.

（4）二次根式的分母有理化：_____.

（5）分母有理化的方法：

① 利用分式的性质：_____.

② 利用平方差公式：_____.

 闯关学习

第一关　闯关热身

填写表 2-9：

表 2-9

x	x^2	x	x^2
11		16	
12		17	
13		18	
14		19	
15		20	

第二关　二次根式的基本性质

1. 自主学习

（1）自主作答，发现规律.

$(\sqrt{4})^2 = $ _____ ；　$(\sqrt{9})^2 = $ _____ ；　$(\sqrt{0})^2 = $ _____ .

按照类比思路，填空：

$(\sqrt{2})^2 = $ _____ ；　$\left(\sqrt{\dfrac{7}{3}}\right)^2 = $ _____ .

（2）尝试计算，发现规律.

$\sqrt{2^2} = $ _____ ；　$\sqrt{(-2)^2} = $ _____ ；

$\sqrt{3^2} = $ _____ ；　$\sqrt{(-3)^2} = $ _____ ；　$\sqrt{0^2} = $ _____ .

2. 核心知识

（1）$(\sqrt{a})^2 = $ _____ $(a \geqslant 0)$ ；

（2）$\sqrt{a^2} = $ _____ .

3. 学以致用

（1）计算：① $(\sqrt{3})^2 =$ _____；② $\sqrt{5^2} =$ _____；

③ $\sqrt{16} =$ _____；④ $\sqrt{(-10)^2} =$ _____.

（2）下列运算正确的是（　　）.

A. $(\sqrt{2})^2 = 2$ 　　　　　　　B. $(-\sqrt{2})^2 = -2$

C. $\sqrt{(-2)^2} = -2$ 　　　　　　D. $-\sqrt{(-2)^2} = 2$

（3）若 $\sqrt{(a-2)^2} = 2-a$ ，则 a 的取值范围是_____.

4. 能力提升

（1）$(3\sqrt{2})^2 =$ _____；　　（2）$(-5\sqrt{3})^2 =$ _____；

（3）$\sqrt{\left(-\dfrac{3}{5}\right)^2} =$ _____；　　（4）$-\sqrt{\left(-\dfrac{2}{3}\right)^2} =$ _____；

（5）$\sqrt{(\pi-4)^2} =$ _____；　　（6）$\sqrt{(2-\sqrt{3})^2} =$ _____；

（7）$\sqrt{49} - \sqrt{(-5)^2} - (2\sqrt{2})^2 =$ _____.

第三关　二次根式的乘除运算

1. 自主学习

（1）独立计算.

$\sqrt{4\times9} =$ _____；　　　　　　$\sqrt{4}\times\sqrt{9} =$ _____；

$\sqrt{16\times25} =$ _____；　　　　　$\sqrt{16}\times\sqrt{25} =$ _____.

（2）小组讨论. 你从中发现了什么？

2. 核心知识

双向使用公式 $\sqrt{a}\cdot\sqrt{b} =$ _____ $(a \geqslant 0, b \geqslant 0)$ 进行二次根式的乘法运算.

3. 学以致用

$\sqrt{3}\cdot\sqrt{5} =$ _____；　　　　　$\sqrt{\dfrac{1}{3}}\cdot\sqrt{27} =$ _____；

$\sqrt{16\times81} =$ _____；　　　　　$\sqrt{4a^2b^3} =$ _____.

4. 能力提升

（1）$\sqrt{48} =$ _____；　　（2）$\sqrt{36}\times\sqrt{4} =$ _____；

（3）$\sqrt{56}\times\sqrt{14} =$ _____；　　（4）$3\sqrt{5}\times2\sqrt{10} =$ _____；

（5）$3\sqrt{2} \times 4\sqrt{8} =$ _____ ; （6）$\sqrt{3x} \times \sqrt{\dfrac{1}{3}xy} =$ _____ .

5. 举一反三

（1）独立计算.

$\sqrt{\dfrac{9}{16}} =$ _____ ; $\sqrt{9} \div \sqrt{16} =$ _____ ;

$\sqrt{\dfrac{36}{81}} =$ _____ ; $\sqrt{36} \div \sqrt{81} =$ _____ .

（2）**讨论**：你从中发现了什么？

（3）**结论**：_____ .

（4）**应用**：

计算下列各题.

$\dfrac{\sqrt{24}}{\sqrt{3}} =$ _____ ; $\sqrt{\dfrac{3}{2}} \div \sqrt{\dfrac{1}{18}} =$ _____ ;

$\sqrt{\dfrac{3}{100}} =$ _____ ; $\sqrt{\dfrac{25y}{9x^2}} =$ _____ .

第四关　二次根式的分母有理化

1. 自主学习

对化简前后的结果做比较，被开方数发生了怎样的变化？

活动：小组讨论.

（1）$\sqrt{18} \rightarrow 3\sqrt{2}$; （2）$\sqrt{\dfrac{a}{3}} \rightarrow \dfrac{\sqrt{3a}}{3}$;

（3）$\sqrt{\dfrac{ab^2}{9}}\,(a > 0) \rightarrow \dfrac{b\sqrt{a}}{3}\,(a > 0)$.

讨论并得出结论.

2. 核心知识

（1）**最简二次根式的概念**：

① 被开方数的因数是整数或字母，因式是_____ ；

② 被开方数中_____含有开得尽方的因数或因式；

③ 分母中不含有根号.

比如：$\sqrt{2}$，$\sqrt{3}$，$\sqrt{a}$，$\sqrt{x+y}$ 不含有可化为平方数的因数或因式；

$\sqrt{4}$，$\sqrt{9}$，$\sqrt{a^2}$，$\sqrt{(x+y)^2}$，$\sqrt{x^2+2xy+y^2}$ 含有可化为平方数的因数或因式.

（2）**分母有理化**：把分母中含有根号的式子$\left(如\dfrac{1}{\sqrt{2}}\right)$的根号化去的运算.

注意：二次根式的计算结果必须分母有理化. 也就是在计算结果中，分母里不能含有根号！

（3）**分母有理化的两种方法**：

① 利用分式的性质：$\dfrac{\sqrt{a}}{\sqrt{b}}=\dfrac{\sqrt{a}\cdot\sqrt{b}}{\sqrt{b}\cdot\sqrt{b}}=\dfrac{\sqrt{ab}}{b}$.

② 利用平方差公式：$\dfrac{1}{\sqrt{a}+\sqrt{b}}=\dfrac{\sqrt{a}-\sqrt{b}}{(\sqrt{a}+\sqrt{b})\cdot(\sqrt{a}-\sqrt{b})}=\dfrac{\sqrt{a}-\sqrt{b}}{a^2-b^2}$.

3. 学以致用

将下列分数分母有理化.

（1）$\dfrac{\sqrt{3}}{\sqrt{5}}=$ _____；

（2）$\dfrac{3\sqrt{2}}{\sqrt{27}}=$ _____；

（3）$\dfrac{\sqrt{8}}{\sqrt{2a}}=$ _____；

（4）$\dfrac{\sqrt{2}}{\sqrt{2}+\sqrt{3}}=$ _____.

4. 能力提升

（1）$\dfrac{2}{\sqrt{2}}=$ _____；

（2）$\sqrt{\dfrac{4}{3}}=$ _____.

5. 电工学计算应用举例

如图 2-3 所示，电流、电压的正弦量的有效值如下：

电流的有效值：$I=\dfrac{I_m}{\sqrt{2}}=\dfrac{\sqrt{2}}{2}\cdot I_m\approx 0.707I_m$；

电压的有效值：$U=\dfrac{U_m}{\sqrt{2}}=\dfrac{\sqrt{2}}{2}\cdot U_m\approx 0.707U_m$；

电压的最大值：$U_m=220\sqrt{2}\approx 311\,\text{V}$.

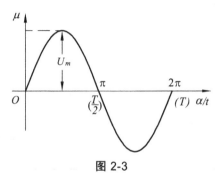

图 2-3

详解及说明：

（1）化简：$\dfrac{1}{\sqrt{2}} = \dfrac{\sqrt{2}}{\sqrt{2}\cdot\sqrt{2}} = \dfrac{\sqrt{2}}{2}$．

（2）记住：$\sqrt{2} \approx 1.414$；

（3）计算并记住：$\dfrac{1}{\sqrt{2}} \approx 0.707$；$220\sqrt{2} \approx 311$．

 应知检测

（1）$\sqrt{5} + \dfrac{1}{\sqrt{5}} - \sqrt{12} = $ _____；（2）$\sqrt{12} + \sqrt{18} = $ _____；

（3）$\left(\sqrt{24} - \sqrt{\dfrac{1}{2}}\right) - \left(\sqrt{\dfrac{1}{8}} + \sqrt{6}\right) = $ _____；（4）$\sqrt{75} - \sqrt{54} + \sqrt{96} - \sqrt{108} = $ _____．

 作业巩固

必做题：

计算下列各题：

（1）$\sqrt{\dfrac{x}{3}} = $ _____；（2）$\sqrt{8x} = $ _____；（3）$\sqrt{6x^2} = $ _____；（4）$\sqrt{\dfrac{1}{10}} = $ _____；

（5）$\sqrt{4x^2y + 8xy^2 + 4y^2} = $ _____；（6）$\dfrac{1}{2}(\sqrt{2} + \sqrt{3}) - \dfrac{3}{4}(\sqrt{2} - \sqrt{27}) = $ _____．

选做题：

在电工学中，已知两正弦的电动势分别为：

$$e_1 = 65\sqrt{2}\sin(100\pi t + 60°)\ \text{V}, \quad e_2 = 100\sin(100\pi t - 30°)\ \text{V}.$$

求各电动势的最大值和有效值．

谈谈你的收获

_____

_____

任务 2.7　一元一次方程及其解法

 教学目标

1. 知识目标

（1）了解方程的定义，会判断一个式子是否是方程.

（2）会解一些简单的一元一次方程.

2. 能力目标

（1）通过合作学习，让学生能够利用定义去判断一个式子是否是方程.

（2）历经探索用去括号的方法来解方程的过程，让学生进一步熟悉方程的变形，弄清楚每步变形的依据及方法.

3. 素质目标

（1）培养学生分析问题和解决问题的能力.

（2）培养学生探索合作解决问题的能力.

4. 应知目标

（1）会解简单的一元一次方程.

（2）会解应用题，会列出简单的一元一次方程.

预习提纲

（1）方程：＿＿＿＿＿＿＿＿＿＿＿＿＿＿＿＿＿＿＿＿＿＿＿＿＿＿＿＿＿＿＿＿＿＿.

（2）一元一次方程：＿＿＿＿＿＿＿＿＿＿＿＿＿＿＿＿＿＿＿＿＿＿＿＿＿＿.

（3）方程的解：＿＿＿＿＿＿＿＿＿＿＿＿＿＿＿＿＿＿＿＿＿＿＿＿＿＿＿＿.

（4）一元一次方程的解法：＿＿＿＿＿＿＿＿＿＿＿＿＿＿＿＿＿＿＿＿＿＿.

闯关学习

第一关　一元一次方程

1. 自主学习

根据条件列出等式：

（1）比 x 大 5 的数等于 8：＿＿＿＿＿＿＿＿＿＿＿＿＿＿＿＿＿＿＿＿＿＿.

（2）y 的一半与 7 的差为 –6：_____.

2. 核心知识

（1）**方程**：_____.

（2）**一元一次方程**：_____.

（3）**方程的解**：_____.

（4）**一元一次方程的解法**：_____.

3. 学以致用

下列方程中是一元一次方程的是：_____.

（1）$2y+3=9$；　　　　　　（2）$2a-b=3$；　　　　　　（3）$y+3=6y-9$；

（4）$0.32m-(3+0.02m)=0.7$；　　（5）$2x=1$；　　　　　　（6）$\dfrac{1}{2}y-4=\dfrac{1}{3}y$.

第二关　一元一次方程的解法

1. 自主学习

解下列方程：

（1）$2y+3=9$；　　　　　　　　　　　　　（2）$\dfrac{3x+5}{2}=3$.

2. 核心知识

一元一次方程的解法（步骤）：_____

_____.

3. 学以致用

解方程：$3x+7=32-2x$.

移项：

合并同类项：

系数化"1"：

 应知检测

解下列方程：

（1）$7x+2(3x-3)=20$；

（2）$2x-\dfrac{2}{3}(x+3)=-x+3$；

（3）$\dfrac{3x+5}{2}=\dfrac{2x-1}{3}$；

（4）$\dfrac{3y-1}{4}-1=\dfrac{5y-7}{6}$.

 作业巩固

必做题：

解下列方程：

（1）$25x-(x-5)=29$；

（2）$2(10-0.5x)=-(1.5x+2)$；

（3）$\dfrac{5x+4}{3}+\dfrac{x-1}{4}=2-\dfrac{5x-5}{12}$.

选做题：

有一群鸽子和一些鸽笼，如果每个鸽笼住 6 只鸽子，则剩余 3 只鸽子无鸽笼可住；如果再来 5 只鸽子，加上原来的鸽子，每个鸽笼刚好住 8 只鸽子，问原有多少只鸽子和多少个鸽笼？

 谈谈你的收获

任务2.8　用代入法解二元一次方程组

 教学目标

1. 知识目标

（1）会判断一个方程是否是二元一次方程.

（2）会用代入法解简单的二元一次方程组.

2. 能力目标

（1）会判断一个方程是否是二元一次方程.

（2）掌握用代入法解二元一次方程组的步骤.

3. 素质目标

（1）培养学生的计算能力.

（2）培养学生用数学知识解决实际问题的能力.

4. 应知目标

（1）会用代入法解二元一次方程组.

（2）会应用解二元一次方程组的步骤.

预习提纲

1. 二元一次方程：_____.

2. 二元一次方程组：_____.

3. 二元一次方程组的解：_____.

4. 解二元一次方程组的基本思想：_____.

 闯关学习

第一关　二元一次方程组

1. 自主学习

本班共有 40 人，请问能确定男、女生各多少人吗？为什么？

（1）如果设本班男生 x 人，女生 y 人，用方程如何表示？($x+y=40$)

（2）这是什么方程？根据是什么？

2. 核心知识

（1）**二元一次方程的概念**：_____.

（2）**二元一次方程组的概念**：_____.

（3）**二元一次方程组的解的定义**：_____.

3. 学以致用

（1）判断下列各方程中，是二元一次方程的有_____.

① $3x=2y$ ；② $3x^2-y=0$ ；③ $\dfrac{1}{x}+y=0$ ；④ $x=3y-1$ ；⑤ $z=x+y$.

（2）用一个未知数 x 来表示另一个未知数 y.

由 $x+2y=4$ ，得 $y=$ _____；

由 $3x+4y=5$ ，得 $y=$ _____；

由 $x-2y=3$ ，得 $y=$ _____.

第二关　用代入法解二元一次方程组

1. 自主学习

对比方程 $2x+(10-x)=16$ 和方程组 $\begin{cases} x+y=10, \\ 2x+y=16. \end{cases}$

思考：二元一次方程组与一元一次方程的关系？

2. 核心知识

（1）**解二元一次方程组的基本思想**：_____.

（2）**用代入法解二元一次方程组的步骤**：_____
_____.

例题讲解：

用代入法解方程组： $\begin{cases} x-y=2, & ① \\ 3x+y=14. & ② \end{cases}$

解：_____ ③ →用 y 表示 x

_____ ④ →将③式代入②式，消去 x 得出④

_____ →解④式得出 y 值

_____ →把 y 值代入①式求出 x 值

_____ →写出二元一次方程组的解

3. 学以致用

用代入法解下列二元一次方程组.

（1）$\begin{cases} 4x+y=5, \\ 3x-2y=1; \end{cases}$ 　　　　（2）$\begin{cases} 5x+4y=6, \\ 2x+3y=1; \end{cases}$

（3）$\begin{cases} y=x+3, \\ 3x-2y=1; \end{cases}$ 　　　　（4）$\begin{cases} 3s-t=5, \\ 5s+2t=15. \end{cases}$

应知检测

（1）$\begin{cases} x+y=1, \\ x-2y=3; \end{cases}$ 　　　　（2）$\begin{cases} 2x-y=3, \\ x+y=0. \end{cases}$

作业巩固

必做题：

1. 把下列方程写成用含 x 的式子表示 y 的形式.

（1）$\dfrac{3}{2}x+2y=1$； 　　　　（2）$\dfrac{1}{4}x+\dfrac{7}{4}y=2$.

2. 解下列方程组：

（1）$\begin{cases} x+4y=10, \\ x-6y=0; \end{cases}$ 　　　　（2）$\begin{cases} 2a+b=3, \\ 3a+b=4. \end{cases}$

选做题：

用代入法解下列方程组：

（1）$\begin{cases} 2x-5y=-3, \\ -4x+y=-3; \end{cases}$ 　　　　（2）$\begin{cases} \dfrac{1}{2}x-\dfrac{3}{2}y=-1, \\ 2x+y=3. \end{cases}$

🎓 **谈谈你的收获**

_____

_____

_____

任务 2.9　用加减法解二元一次方程组

📋 **教学目标**

1. 知识目标

（1）了解二元一次方程组的定义.

（2）会解简单的二元一次方程组.

2. 能力目标

（1）会判断一个方程组是否是二元一次方程组.

（2）掌握用加减法解二元一次方程组的步骤.

3. 素质目标

（1）培养学生的数学思维.

（2）培养学生的计算能力.

4. 应知目标

（1）会用加减法解二元一次方程组.

（2）牢记用加减法解二元一次方程组的步骤.

📖 **预习提纲**

解二元一次方程组的基本思想：_____

_____

_____.

用加减法解二元一次方程组的步骤：_____

_____.

闯关学习

第一关　用加减法解二元一次方程组

1. 自主学习

（1）用代入法解二元一次方程组的关键是什么？

（2）解二元一次方程组的基本思路是什么？

（3）用代入法解二元一次方程组的步骤是什么？

2. 核心知识

（1）**解二元一次方程组的基本思想：**＿＿＿＿＿＿＿＿＿＿＿＿＿＿＿＿＿＿＿＿＿．

（2）**用加减法解二元一次方程组的步骤：**＿＿＿＿＿＿＿＿＿＿＿＿＿＿＿＿＿＿．

3. 例题讲解

用加减消元法解方程组：$\begin{cases} x-y=2, \\ 3x+y=14. \end{cases}$

（**提示：**观察 x, y 的系数之间的特点）

解：＿＿＿＿＿＿＿＿＿＿（两式相加，得出关于 y 的一元一次方程）

＿＿＿＿＿＿＿＿＿＿（解出 y 的值）

＿＿＿＿＿＿＿＿＿＿（写出原方程组的解）

4. 学以致用

用加减法解下列二元一次方程组：

（1）$\begin{cases} 4x+2y=5, \\ 3x-2y=1; \end{cases}$ 　　　　（2）$\begin{cases} 5x+4y=6, \\ 2x+8y=9; \end{cases}$

（3）$\begin{cases} 3x-y=10, \\ 2x-3y=6; \end{cases}$ 　　　　（4）$\begin{cases} 2m+5n=15, \\ 3m+n=3. \end{cases}$

5. 合作交流

讨论："代入法"和"加减法"相比，各有什么优缺点？

6. 能力提升

用适当的方法解下列方程组：

（1）$\begin{cases} y = x + 3, \\ 3x - 2y = 1; \end{cases}$ 　　　（2）$\begin{cases} 3s - t = 5, \\ 5s + 2t = 15; \end{cases}$

（3）$\begin{cases} x + 2y = 0, \\ 3x + y = 1; \end{cases}$ 　　　（4）$\begin{cases} x - y = 4, \\ x + y = 6. \end{cases}$

第二关　方程组的应用

如图 2-4 所示，曲柄冲压机冲压工作时冲头 B 受到的工件阻力 F=30 kN，试求当 $\alpha = 30°$ 时，连杆 AB 受到的力及导轨的约束反力 F_N.

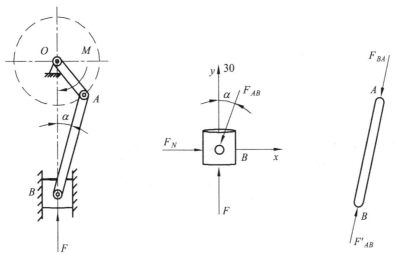

图 2-4

如何来解这个方程组？

应知检测

（1）$\begin{cases} 2x + y = 7, \\ x + 2y = 8; \end{cases}$ 　　　　　（2）$\begin{cases} 2x + 3y = 8, \\ 3x - 5y = 5. \end{cases}$

 作业巩固

必做题：

1. 方程 $x^{|a|-1} + (a-2)y = 2$ 是二元一次方程组，求 a 的值.

2. 解下列方程组：

（1）$\begin{cases} 3u + 2t = 7, \\ 6u - 2t = 11; \end{cases}$ 　　　　　（2）$\begin{cases} 2x - 5y = -3, \\ -4x + y = -3. \end{cases}$

选做题：

解下列方程组：

（1）$\begin{cases} 3(x-1) = y + 5, \\ 5(y-1) = 3(x+5); \end{cases}$ 　　　　　（2）$\begin{cases} \dfrac{2u}{3} + \dfrac{3v}{4} = \dfrac{1}{2}, \\ \dfrac{4u}{5} + \dfrac{5v}{6} = \dfrac{7}{15}. \end{cases}$

 谈谈你的收获

_____

_____

项目3 函数基础

 项目描述

当我们用数学来分析现实世界的各种现象时，会遇到各种各样的量，如物体运动中的速度、时间和距离；圆的半径、周长和圆周率；购买商品的数量、单价和总价；某城市一天中各时刻变化着的气温；某段河道一天中时刻变化着的水位，……在某一变化过程中，有些量固定不变，有些量不断改变. 那么如何来研究这些运动变化的量，并寻找这些规律呢？

本项目从现实情境和所学的知识入手，探索函数这个概念，并围绕着正反比例函数的概念、特点以及在力学、物理学、电工学中的简单应用这条主线，使学生在自主学习与合作交流中，内化、升华、巩固其知识点，再揭示规律，形成能力. 通过类比、交流、合作、探索，可使学生由知识的形成过程变为知识的发生和发展的创造过程，从而培养学生的创新意识.

项目整体教学目标

【知识目标】

讨论两个变量的相互关系，理解函数的定义、正反比例函数的概念和意义，并能进行简单的应用.

【能力目标】

进一步提高探究问题、归纳问题的能力，能运用函数思想方法解决有关问题.

【素质目标】

培养学生的类比、迁移能力，提升与他人探究的合作意识.

任务 3.1　函数的概念

 教学目标

1. 知识目标

（1）掌握函数的概念，函数的三要素.

（2）掌握定义域、函数值的求法.

2. 能力目标

（1）通过对函数概念的构建，培养学生的分析、推理和概括能力.

（2）通过对函数概念的分析，培养学生发现问题和解决问题的能力.

3. 素质目标

（1）培养学生用数学的眼光看待客观世界的意识力.

（2）培养学生勇于探索的精神和团队协作能力.

4. 应知目标

（1）掌握函数的三要素.

（2）会求函数的定义域.

预习提纲

（1）常量：_____.

（2）变量：_____.

（3）初中时，我们是如何定义函数的：_____

_____.

（4）列举出你所知道的函数种类：_____.

（5）列举出你所知道的具体的函数解析式：_____.

（6）你认为 $y=1$ 是函数吗？为什么？_____.

 闯关学习

1. 自主学习

已知：1 支笔的价格是 2 元，

问题：（1）请根据笔的数量（x）和总价（y）的关系填写表 3-1：

表 3-1

数量（x）	1	2	3	4	5	...	x
总价（y）						...	

（2）根据表 3-1 写出数量（x）和总价（y）的表达式：_____.

（3）上式中 x，y 的取值范围各是什么？_____.

讨论： 你觉得要判断一个式子是否是函数应从哪几个方面入手：_____

_____.

2. 核心知识

（1）**函数：** 设 x 和 y 是两个变量，如果对于某个范围内的每一个 x，按照某种确定的对应关系 f，都有唯一确定的 y 值与之对应，则称 y 是 x 的函数，记作：$y = f(x)$，其中 x 称为自变量，x 的取值范围称为函数的定义域. 当自变量 $x = a$ 时，函数值记作：$f(a)$，函数值的全体称为函数的值域.

（2）**函数的三要素：** _____、_____和_____.

3. 学以致用

（1）判断下列各式是否是函数，并说明理由.

① $y = 3x$；

② $y = x^2$；

③ $y = \dfrac{1}{x}$；

④ $y = 1$.

（2）求下列函数的定义域：

① $y = 2x + 1$； ② $y = \dfrac{1}{x}$；

③ $y = \sqrt{x}$； ④ $y = \sqrt{2x-1}$；

⑤ $y = \sqrt{x+1} + \dfrac{1}{x-1}$；　　　　　　　⑥ $y = \sqrt{x+1} + \dfrac{1}{x+2}$．

4. 能力提升

对应关系"翻译"：

例：$y = x^2 \rightarrow x$ 的平方对应 y．

（1）$y = \dfrac{1}{x} \rightarrow$ ＿＿＿＿＿＿＿＿＿＿＿＿＿＿＿＿．

（2）$y = \sqrt{x} \rightarrow$ ＿＿＿＿＿＿＿＿＿＿＿＿＿＿＿＿．

（3）$y = x - 1 \rightarrow$ ＿＿＿＿＿＿＿＿＿＿＿＿＿＿＿＿．

（4）$y = x + 1 \rightarrow$ ＿＿＿＿＿＿＿＿＿＿＿＿＿＿＿＿．

5. 举一反三

（1）**思考**：如何求函数的函数值？

提示：在函数 $y = x^2$ 中，$f(1)$ 表示当 $x = 1$ 时，函数 y 的值．即：$f(1) = 1^2 = 1$．

（2）**结论**：＿＿＿＿＿＿＿＿＿＿＿＿＿＿＿＿＿＿＿＿＿＿＿＿＿＿＿．

（3）**应用**：已知函数 $y = x^2 + 1$，求 $f(0), f(1), f(-1)$ 和 $f(a)$ 的值．

 应知检测

1. 函数的三要素：＿＿＿＿＿＿＿、＿＿＿＿＿＿＿和＿＿＿＿＿＿＿．

2. 求下列函数的定义域：

（1）$y = 4x - 1$；　　　　（2）$y = x^3$；　　　　（3）$y = \dfrac{1}{x+2}$．

 作业巩固

必做题：

1. 求下列函数的定义域：

（1）$y = 3x - 1$；　　　　　　　　（2）$y = x^2 + x$；

（3）$y = \dfrac{1}{x-2}$；　　　　　　　　（4）$y = \sqrt{x+2}$．

2. 已知函数 $y = \dfrac{1}{x+1}$，求 $f(0), f(2), f(-1)$ 和 $f(a)$ 的值．

选作题：

现用 20 m 长的篱笆围成一个长方形养殖场，要求养殖场的长度不能小于 5 m，宽度不能小于 3 m，写出养殖场的面积 S 与其长度 x 之间的函数解析式，并求出函数的定义域.

 谈谈你的收获

任务 3.2　函数的表示方法

 教学目标

1. 知识目标

（1）使学生掌握区间的表示方法.

（2）使学生掌握定义函数的三种表示方法.

2. 能力目标

（1）培养学生的数形结合思想方法.

（2）培养学生应用函数图像解决问题的能力.

3. 素质目标

（1）培养学生的自主学习能力.

（2）培养学生的勇于探索精神和团队协作能力.

4. 应知目标

（1）掌握区间的写法.

（2）会用不同的方法表示函数.

 预习提纲

（1）用数轴表示下列不等式：

①　$x \leqslant 1$；

② $x < 1$;

③ $x \geqslant -1$;

④ $x > -1$;

⑤ $-2 < x < 3$;

⑥ $-2 \leqslant x \leqslant 3$;

⑦ $x < -2$ 或 $x > 3$;

⑧ $x \leqslant -2$ 或 $x \geqslant 3$.

（2）你学过的函数有：＿＿＿＿＿＿＿＿＿＿＿＿＿＿＿＿＿＿＿＿＿＿＿＿ ；

上述函数如何表示？＿＿＿＿＿＿＿＿＿＿＿＿＿＿＿＿＿＿＿＿＿＿＿＿＿＿ .

闯关学习

第一关　函数的区间

1. 自主学习

区间：设 a,b 是任意实数，且 $a < b$ ，则有：

（1）有限区间：

① 闭区间： $a \leqslant x \leqslant b$ 表示为 $[a,b]$ ；

② 开区间： $a < x < b$ 表示为 (a,b) ；

③ 半开半闭区间： $a \leqslant x < b$ 表示为 $[a,b)$ ； $a < x \leqslant b$ 表示为 $(a,b]$.

（2）无限区间：

① $x > a$ 表示为 $(a, +\infty)$ ；

② $x \leqslant b$ 表示为 $(-\infty, b]$ ；

③ 全体实数表示为 $(-\infty, +\infty)$.

根据以上内容，讨论：

在区间的表示方法中，你发现的规律有：＿＿＿＿＿＿＿＿＿＿＿＿＿＿＿＿＿＿＿

2. 核心知识

表 3-2

	不等式表示	区间表示	区间名称	数轴表示
有限区间	$a \leqslant x \leqslant b$			
	$a < x < b$			
	$a \leqslant x < b$			
	$a < x \leqslant b$			
无限区间	$x > a$			
	$x \leqslant b$			
	全体实数			

3. 学以致用

用区间表示下列不等式.

（1）$x \leqslant 1$；

（2）$x < 1$；

（3）$x \geqslant -1$；

（4）$x > -1$；

（5）$-2 < x < 3$；

（6）$-2 \leqslant x \leqslant 3$；

（7）$x < -2$ 或 $x > 3$；

（8）$x \leqslant -2$ 或 $x \geqslant 3$.

第二关　函数的表示方法

1. 自主学习

观察下列三个函数，并回答问题：

（1）正比例函数 $y = 2x$.

（2）正弦函数（见图 3-1）：

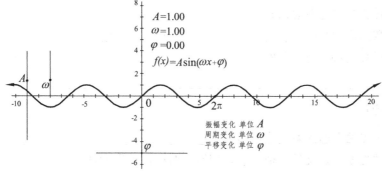

图 3-1

（3）2018 年某银行基准利率表 3-3：

表 3-3

存款周期	活期存款	六个月定期存款	一年定期存款	二年定期存款	三年定期存款
年利率	0.35%	1.30%	1.50%	2.10%	2.75%

讨论并总结：

（1）函数的表示方法有：＿＿＿＿＿＿＿、＿＿＿＿＿＿和＿＿＿＿＿＿．

（2）它们各自的优点是什么？

＿＿＿＿＿＿＿＿＿＿＿＿＿＿＿＿＿＿＿＿＿＿＿＿＿＿＿＿＿＿＿＿＿＿＿．

第三关　函数图像的画法

1. 自主学习

尝试填表 3-4 并画出函数 $y = 2x$ 的图像．

表 3-4

x	-2	-1	0	1	2	3
y						

根据作图过程，讨论并总结：

（1）画函数图像的步骤：＿＿＿＿＿＿→＿＿＿＿＿＿→＿＿＿＿＿＿．

（2）这个函数的特点有哪些？

＿＿＿＿＿＿＿＿＿＿＿＿＿＿＿＿＿＿＿＿＿＿＿＿＿＿＿＿＿＿＿＿＿＿＿．

2. 核心知识

（1）用"描点法"画函数图像的步骤：＿＿＿＿＿＿→＿＿＿＿＿＿→＿＿＿＿＿＿．

（2）**函数的性质**：定义域、值域、单调性、对称性和周期性．

3. 学以致用

利用"描点法"画出函数 $y = x^2$ 的图像，并写出它的性质.

表 3-5

x							
y							

函数 $y = x^2$ 图像的性质：_____

_____.

4. 能力提升

表 3-6 是齐齐哈尔技师学院机电系某班三位同学在本学期几次数学测试成绩及班级平均分数表：

表 3-6

	第一次	第二次	第三次	第四次	第五次	第六次
王伟	97	88	91	92	87	95
张城	90	76	86	75	85	80
赵磊	68	65	74	73	75	80
班平均分	88.2	78.3	85.4	80.3	75.7	82.6

请你对这三位同学在本学期的数学学习情况做一个分析：

_____.

A+ 应知检测

1. 用"描点法"画函数图像的步骤：_____.

2. 用"描点法"画出函数 $y = x + 1$ 的图像.

作业巩固

必做题:

1. 用区间表示下列不等式:

(1) $x \leqslant 3$;

(2) $x > -2$;

(3) $-1 < x < 2$;

(4) $x < -2$ 或 $x \geqslant 4$.

2. 画出下列函数的图像:

(1) $y = x - 1$;

(2) $y = 3x$.

选作题:

画出函数 $y = \dfrac{1}{x} + 1$ 的图像,并写出它的性质.

 谈谈你的收获

任务 3.3　正比例函数

 教学目标

1. 知识目标

(1) 理解正比例函数的概念和正比例函数图像的性质.

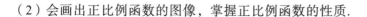

（2）会画出正比例函数的图像，掌握正比例函数的性质.

2. 能力目标

（1）通过对正比例函数的自我探究，让学生体会函数模型的思想.

（2）让学生经历运用图像描述函数的过程，初步建立数形结合思想，通过绘制正比例函数的图像，进一步巩固用"描点法"绘制函数图像的能力.

3. 素质目标

（1）培养学生认真严谨的学习态度和习惯.

（2）培养学生的独立思考能力.

4. 应知目标

（1）会建立正比例函数模型.

（2）会画出正比例函数的图像.

📖 预习提纲

（1）函数的概念：_____

_____.

（2）函数的三要素：_____.

（3）用"描点法"画函数图像的步骤：_____.

回 闯关学习

第一关　正比例函数的概念

1. 自主学习

写出下列函数的表达式，并分别写出常数、自变量和自变量的函数：

（1）圆的周长 l 随它的半径 r 的变化而变化：

函数表达式：_____；常数：_____；自变量：_____；自变量的函数：_____.

（2）汽车的速度为 50 km/h，它的路程 s 随时间 t 的变化而变化：

函数表达式：_____；常数：_____；自变量：_____；自变量的函数：_____.

（3）一个温度为 0 ℃ 的物体需要冷冻，它每分钟下降 3 ℃，它的温度 T 随时间 t 的变化而变化：

函数表达式：_____；常数：_____；自变量：_____；自变量的函数_____.

讨论：将上面三个函数进行比较，思考：这些函数有什么共同特点？

_____.

2. 核心知识

正比例函数：一般地，形如 $y=kx$ ($k\neq 0$ ， k 是常数)的函数，叫做正比例函数，其中 k 是比例系数.

3. 学以致用

下列这些等式中，正比例函数有 _____ .

（1） $y=2x$ ；

（2） $s=\pi r^2$ ；

（3） $y=x+2$ ；

（4） $y=\dfrac{4}{x}$ ；

（5） $y=(a^2+1)x-2$ ；

（6） $y=\sqrt{3}x$ ；

（7） $y=8x^2+x(1-8x)$ ；

（8） $y=7.8x$ ；

（9） $y=\sqrt{3x}$.

4. 能力提升

已知 y 与 x 成正比例，当 $x=4, y=-12$ 时，

（1） y 与 x 的函数关系式为 _____ ；

（2）当 $x=2$ 和 $x=-5$ 时， y 的值分别为 _____ .

第二关　正比例函数的图像

1. 自主学习

利用"描点法"分别画出函数 $y=2x$ 和 $y=-2x$ 的图像.

（1） $y=2x$.

表 3-7

x						
y						

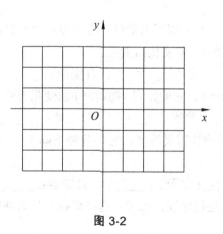

图 3-2

（2） $y = -2x$.

表 3-8

x						
y						

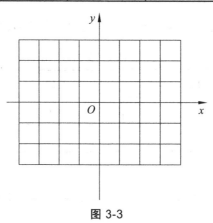

图 3-3

讨论：比较函数 $y = 2x$ 和 $y = -2x$ 的图像的异同之处，并填写所发现的规律：

相同点：_____；

不同点：_____．

2. 核心知识

正比例函数的图像的性质：

表 3-9

函数		图像形状	图像位置	图像变化趋势	函数增减性
$y = kx, (k \neq 0)$	$k > 0$	一条经过 原点的直线	一、三象限	y 随 x 的增大而增大	增函数
	$k < 0$		二、四象限	y 随 x 的增大而减小	减函数

3. 学以致用

分别画出函数 $y = 4x$ 和 $y = -4x$ 的图像，并讨论这两个函数的图像的性质．

第三关　正比例函数的应用

1. 在电工学中，电流（I）、电压（U）与电阻（R）之间的关系可以用欧姆定律表示为：

$$I = \frac{U}{R}.$$

当电阻保持不变的情况下，根据公式，将下表中空白处的数据填上.

表 3-10

$R(\Omega)$	10	10	10
$U(V)$	2	4	6
$I(A)$			

分析数据，可得结论：

在_____一定的情况下，导体中的_____跟这段导体两端的电压成_____比，电流随_____的增大而_____.

2. 某电阻器当在其两端加上 4 V 的电压时，通过它的电流为 0.2 A，当电压增大到 9 V 时，通过它的电流有多大？

3. 一次性餐具因为不用清洗而方便省事，如今的餐馆经常使用，但是造成了很大的资源浪费，而且破坏生态环境，因此，同学们今后应尽量少用或者不用一次性餐具.

已知用来生产一次性饭盒的大树的数量 y（万棵）与加工成一次性筷子的数量 x（亿双）成正比例关系，且 100 万棵大树能加工成 18 亿双一次性饭盒.

（1）用来生产一次性饭盒的大树的数量 y（万颗）与加工成一次性筷子的数量 x（亿双）的函数解析式为_____.

（2）据统计，我国一年要消耗一次性饭盒约 450 亿只，生产这些一次性饭盒约需_____万棵大树；

（3）如果每一万棵大树占地面积约 0.8 平方千米，照这样计算，我国的森林面积每年因此将会大约损失_____平方千米.

 应知检测

1. 画出函数 $y = 3x$ 的图像，并总结这个函数的图像的性质.

2. 画出函数 $y=-5x$ 的图像，并总结这个函数的图像的性质.

作业巩固

必做题：

1. 若 $y=(m+1)x+m^2-1$ 是关于 x 的正比例函数，那么根据正比例函数的定义 $y=kx$，$m^2-1=$ _____，则 m _____.

2. 已知正比例函数 $y=kx(k\neq0)$，且 y 随 x 的增大而增大，请写出符合上述条件的 k 的一个值：_____.

选做题：

已知 $y+1$ 与 x 成正比例函数，即 $\dfrac{y+1}{x}=k$，

（1）当 $x=3$ 时，$y=5$，则 $k=$ _____，y 与 x 之间的函数关系式为_____.

（2）若点 $(a,-2)$ 在这个函数上，则 a 的值为_____.

（3）如果 x 的取值范围是 $0\leqslant x\leqslant5$，则 y 的取值范围是_____.

谈谈你的收获

_____

_____

任务 3.4 反比例函数

教学目标

1. 知识目标

（1）理解反比例函数的概念和反比例函数图像的性质.

（2）会画出反比例函数的图像，掌握反比例函数的性质.

2. 能力目标

（1）通过对反比例函数的自我探究，让学生体会函数模型的思想.

（2）让学生经历运用图像描述函数的过程，初步建立数形结合思想，通过绘制反比例函数的图像，进一步巩固用"描点法"绘制函数图像的能力.

3. 素质目标

（1）培养学生认真严谨的学习态度和习惯.

（2）培养学生的独立思考能力.

4. 应知目标

（1）会建立反比例函数模型.

（2）会画出反比例函数的图像.

📖 **预习提纲**

（1）正比例函数的一般表达式：_____.

（2）正比例函数的图像的性质：_____

_____.

📖 **闯关学习**

第一关　反比例函数的概念

1. 自主学习

思考：下列问题中的变量之间是否存在函数关系，若存在，请写出函数表达式，并判断它们是不是正比例函数关系：

（1）A，B 两地间的距离为 80 km，小明开车要从 A 地前往 B 地，则汽车的速度 v 和时间 t 之间的关系式为：_____.

（2）学校志愿者协会的同学们准备自己动手，用旧围栏圈建一个面积为 60 m² 的长方形展台，设它的一边长为 x (m)，求另一边长 y 与 x 的关系式_____.

总结特征：以上两个例子中，_____是常量，_____和_____是变量.

2. 核心知识

反比例函数：一般地，形如 $y = \dfrac{k}{x}$ (k 为常数且 $k \neq 0$)的函数，叫做反比例函数，其中 k 是比例系数.

3. 学以致用

下列这些等式中：

（1）$y=\dfrac{x}{2}$；　　（2）$y=-\dfrac{1}{3x}$；　　（3）$y=x^2$；　　（4）$y=2x+1$；

（5）$y=x^{-1}$；　　（6）$xy=3$；　　（7）$y=4x$；　　（8）$\dfrac{y}{x}=3$；

（9）$y=-\dfrac{\sqrt{2}}{x}$；　　（10）$y=\dfrac{5}{x+2}$，

正比例函数有：_____；

反比例函数有：_____.

4. 能力提升

已知 y 是 x 的反比例函数，

（1）按照反比例函数的定义，设 k 为比例系数，则 y 与 x 之间的函数解析式为：_____.

当 $x=5$ 时，$y=9$，将其代入，则 $k=$_____.

所以，此反比例函数的表达式为_____.

（2）当 $x=3$ 时，$y=$_____.

第二关　反比例函数的图像

1. 自主学习

利用"描点法"分别画出函数 $y=\dfrac{1}{x}$ 和 $y=-\dfrac{1}{x}$ 的图像.

（1）$y=\dfrac{1}{x}$.

表 3-11

x						
y						

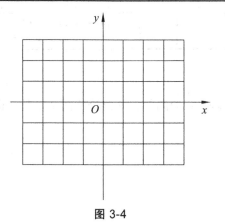

图 3-4

（2） $y = -\dfrac{1}{x}$.

表 3-12

x						
y						

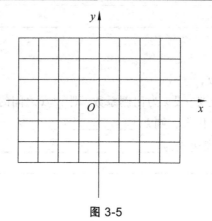

图 3-5

讨论：比较函数 $y = \dfrac{1}{x}$ 和 $y = -\dfrac{1}{x}$ 的图像的异同之处，并填写所发现的规律：

相同点：＿＿＿＿＿＿＿＿＿＿＿＿＿＿＿＿＿＿＿＿＿＿＿＿＿＿＿＿＿＿

不同点：＿＿＿＿＿＿＿＿＿＿＿＿＿＿＿＿＿＿＿＿＿＿＿＿＿＿＿＿＿＿

2. 核心知识

反比例函数的图像的性质：

表 3-13

函数		图像形状	图像位置	图像变化趋势	函数增减性
$y = \dfrac{k}{x}$	$k > 0$	双曲线	一、三象限	在 $(-\infty,0),(0,+\infty)$ 上，y 随 x 的增大而减小	在 $(-\infty,0),(0,+\infty)$ 上都是减函数
	$k < 0$		二、四象限	在 $(-\infty,0),(0,+\infty)$ 上，y 随 x 的增大而增大	在 $(-\infty,0),(0,+\infty)$ 上都是增函数

3. 学以致用

分别画出函数 $y = \dfrac{2}{x}$ 和 $y = -\dfrac{2}{x}$ 的图像，并讨论这两个函数的图像的性质.

第三关 反比例函数的应用

1. 反比例函数在物理学中的应用

在物理学中，电流 I、电阻 R、电压 U 之间满足关系式：$U = IR$.

（1）当 $U = 220$ V 时，用含有 R 的代数式表示 $I =$ _____.

（2）利用写出的关系式完成下表：

表 3-14

U(V)	220	220	220	220	220
R(Ω)	20	40	60	80	100
I(A)					

（3）由关系式 $U = IR$，在电压 U 不变的情况下，当 R 越来越大时，I 越来越_____；当 R 越来越小时，I 越来越_____；因此，变量 I_____（是/否）R 的反函数.

在电压 U 不变的情况下，导体中的电流 I 跟这段导体两端的电阻 R 成_____比，电流随_____的增大而_____.

（4）在某一电路中，当电阻 $R = 5$ Ω，电流 $I = 2$ A 时，按照电流 I、电阻 R、电压 U 之间满足的关系式：$U = IR$，得出 $U =$ _____，则 I 与 R 之间的关系式为 $I =$ _____.

当电流 $I = 0.5$ A 时，电阻 $R =$ _____.

2. 反比例函数在力学中的应用

阿基米德（公元前 287 年—公元前 212 年，出生于西西里岛的叙拉古），古希腊哲学家、数学家、物理学家，他发现了杠杆原理和浮力定律，被人们称为"力学之父". 他的一句名言是：给我一个支点和一根足够长的棍，我就能翘起整个地球（见图 3-6）!

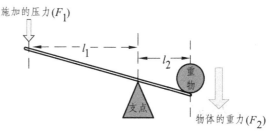

公式：$F_1 \times l_1 = F_2 \times l_2$

图 3-6   图 3-7

杠杆原理亦称为**杠杆平衡条件**：要使杠杆平衡，作用在杠杆上的两个力（用力点和阻力点）的大小与它们的力臂成反比. 即：

动力×动力臂=阻力×阻力臂.

用代数式表示为：

$$F_1 \times l_1 = F_2 \times l_2.$$

小伟要用撬棍撬动一块大石头. 已知阻力 1200 N 和阻力臂 0.5 m 不变，

（1）根据杠杆原理，动力 F 与动力臂的函数关系为＿＿＿＿＿＿＿＿＿＿＿＿＿.

（2）当动力臂为 1.5 m 时，撬动石头需要的动力为＿＿＿＿＿＿＿＿＿＿＿＿＿.

 应知检测

1. 画出函数 $y = \dfrac{3}{x}$ 的图像，并总结这个函数的图像的性质.

2. 画出函数 $y = -\dfrac{2}{x}$ 的图像，并总结这个函数的图像的性质.

 作业巩固

必做题：

1. 在物理学中，电流 I、电阻 R、电压 U 之间满足关系式：$U = IR.$ 在保持电路电压不变的情况下，当电路的电阻增大到原来的 2 倍时，通过电路的电流＿＿＿＿＿＿＿＿＿＿（增大/减小）到原来的＿＿＿＿＿＿＿＿＿＿.

2. 两根电阻丝的电阻分别为 2 Ω 和 16 Ω，将它们接在同一电源两端，则通过它们的电流之比为＿＿＿＿＿＿＿＿＿＿：＿＿＿＿＿＿＿＿＿＿

选作题：

在一个可以改变体积的密闭容器内装有一定质量的二氧化碳，当改变容器的体积时，气体的密度会随之改变. 密度 ρ（单位：kg/m^3）是体积 V（单位：m^3）的反比例函数，它的图像如图 3-8 所示. 当 $V = 10\,m^3$ 时，求气体的密度.

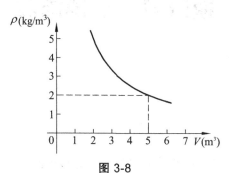

图 3-8

解： 设密度 ρ 与体积 V 的反比例函数解析式为＿＿＿＿＿＿＿＿＿＿＿.

将点（＿＿＿＿，＿＿＿＿）代入其中，得 $k =$ ＿＿＿＿＿＿＿＿＿＿＿＿＿.

所以密度 ρ 与体积 V 的反比例函数解析式为＿＿＿＿＿＿＿＿＿＿.

再将 $V =$ ＿＿＿＿＿＿代入解析式中，所以密度 $\rho =$ ＿＿＿＿＿＿＿＿.

谈谈你的收获

＿＿＿＿＿＿＿＿＿＿＿＿＿＿＿＿＿＿＿＿＿＿＿＿＿＿＿＿＿＿＿＿＿＿＿＿＿＿

＿＿＿＿＿＿＿＿＿＿＿＿＿＿＿＿＿＿＿＿＿＿＿＿＿＿＿＿＿＿＿＿＿＿＿＿＿＿

项目 4　三角函数

☁ 项目描述

　　数学概念大多是经过一代一代数学家们的努力而形成的，它也是一门学科的本源．三角函数发源于三角形边角关系的研究，在初期，它以三角比的形式呈现在数学家面前，后来，由于函数思想的渗透，引发了数学家们对任意角三角函数的研究，并从锐角三角函数推广到任意角三角函数．应该说这是认识上的一次大的飞跃，这一飞跃由数学大师欧拉引入直角坐标系才得以完成．这一定义一直沿用至今．

　　正弦交流电是中等职业学校专业基础课"电工基础"的重要章节，正弦型函数是中职学校数学教学内容，两者相互联系，这也体现了作为工具的数学应为专业课服务的功能．

✐ 项目整体教学目标

【知识目标】

　　掌握三角函数的相关概念，达到"数学知识"与"专业问题"有机结合的目的．

【能力目标】

　　在教师引导下，通过探索新知过程，培养学生的观察、分析和归纳能力，以便为学生的再学习打下基础．

【素质目标】

　　通过数形结合思想方法的运用，让学生体会对数学问题从抽象到形象的转化过程，进而体会数学之美，以激发学生学习数学的信心和兴趣．

任务 4.1　角的概念的推广

教学目标

1. 知识目标

（1）要求学生掌握通过"旋转"来定义角的概念的方法，理解任意角的概念，学会在平面内建立适当的坐标系来讨论角.

（2）掌握在直角坐标系中作出任意角的方法.

2. 能力目标

（1）了解角的概念的推广，这也是解决生活和生产中实际问题的需要，从而让学生学会用数学的观点分析和解决问题.

（2）通过作角，培养学生的数形结合能力及实际动手能力.

3. 素质目标

（1）培养学生的自主学习能力.

（2）提升学生与他人探究的合作意识.

4. 应知目标

（1）会判断角的种类.

（2）会在直角坐标系中作出任意角.

预习提纲

（1）角的概念（初中）：_____.

（2）填空：

直角=_____，平角=_____，周角=_____；

锐角 α 的范围是 _____，钝角 β 的范围是 _____.

（3）体操比赛中的术语：

"转体 720°"，即转体_____周；"转体 1080°"，即转体_____周.

（4）如果时钟快了 15 min，需将分针_____时针旋转_____度进行校正；如果时钟慢了 15 min，需将分针_____时针旋转_____度进行校正.

闯关学习

第一关　角的深入

1. 自主学习

如图 4-1 所示，一条射线由原来的位置_____，绕着它的端点_____，按_____时针方向旋转到另一位置_____，就形成角 α . 旋转开始时的射线_____叫做角 α 的**始边**，旋转终止时的射线_____叫做角 α 的**终边**，射线的端点_____叫做角 α 的顶点.

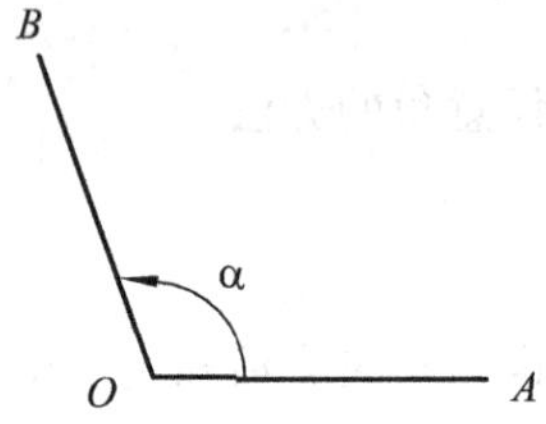

图 4-1

2. 核心知识

任意角的定义：把一条射线按照_____方向旋转的角叫做**正角**；把一条射线按照_____方向旋转的角叫做**负角**；一条射线_____而形成的角叫做**零角**.

总结：（1）角有正、负、零之分，角的正负由旋转_____决定.

（2）角的范围：角可以任意小，也可以任意大.

（3）常用的角的记法有以下四种：

① 用表示角的符号"∠"加 3 个大写英文字母表示，如∠AOB；

② 用表示角的符号"∠"加 1 个大写英文字母表示，如∠O；

③ 用表示角的符号"∠"加 1 个小写希腊字母表示，如∠α，∠β；

④ 用表示角的符号"∠"加 1 个阿拉伯数字表示，如∠1，∠2.

3. 学以致用

作角：分别以射线 OA，OC 为始边，画出 ∠AOB = −45°，∠COD = 120°.

O —————————— A　　　　O —————————— C

图 4-2

第二关　在平面直角坐标系中讨论角

1. 自主学习

（1）水平方向的坐标轴为_____轴，以向_____方向为其正方向；垂直方向的坐标轴为_____轴，以向_____方向为其正方向.

（2）请完善图4-3：

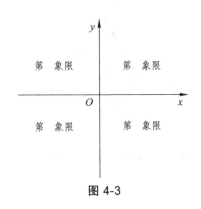

图 4-3

2. 核心知识

（1）**平面直角坐标系**，又称为笛卡尔坐标系，它由一个原点和两条通过原点且相互垂直的数轴构成.

（2）通常，我们是在直角坐标系中讨论角的，为此需将角放到平面直角坐标系内. 将角放到平面直角坐标系内时，应使角的顶点与坐标原点重合，始边与 x 轴的非负半轴重合，如果角的终边落在第一象限，就说这个角是**第一象限角**；角的终边落在第二象限，就说这个角是**第二象限角**；角的终边落在第三象限，就说这个角是**第三象限角**；角的终边落在第四象限，就说这个角是**第四象限角**. **特别地**，如果角的终边落在坐标轴上，则称这个角为**轴线角**. 轴线角不属于任何象限角.

3. 学以致用

试列举出角的例子：

第一象限角：_____、_____、_____；第二象限角：_____、_____、_____；

第三象限角：_____、_____、_____；第四象限角：_____、_____、_____.

x 轴正半轴的轴线角：_____、_____；x 轴负半轴的轴线角：_____、_____；

y 轴正半轴的轴线角：_____、_____；y 轴负半轴的轴线角：_____、_____.

第三关　角的舞动

1. 自主学习

观察图4-4，在直角坐标系中作出两个角：120°，－120°. 画图时，无论是正角还是负角，它们的起点都是_____；旋转的方向用_____表示；旋转的大小用_____的长短来表示.

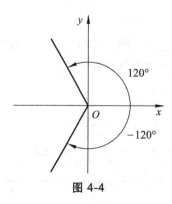

图 4-4

2. 学以致用

在直角坐标系中，以原点为顶点、x 轴的非负半轴为始边，画出下列各角.

（1）30°；　　　　　　　　　（2）225°；

（3）−90°；　　　　　　　　　（4）−330°；

3. 能力提升

若时针转一圈是 12 h，则 75 h 可以用 3 天零 3 h 表示. 因此，若把角度与时钟类比，可得到：

390° 是_____圈，加_____°，即 390°=_____×360°+_____°；

−450° 是负_____圈，减_____°，即 −450°=_____×360°−_____°.

4. 再接再厉

作角：（1）405°；　　　　　　　　　（2）750°；

（3）－1500°； （4）－630°.

应知检测

1. 钟表从 12 时转到 12 时 45 分，时针与分针各转了多少度.

2. 在直角坐标系中作出 450°，－60°的角.

作业巩固

必做题：

1. 钟表经过 4 h，时针转了＿＿＿＿°，分针转了＿＿＿＿°.
2. 在直角坐标系中，作出下列各角，并判断是象限角还是轴线角.

（1）480°； （2）－450°.

选作题：

在 12 点 15 分时，时针与分针之间的夹角是多少度？

谈谈你的收获

＿＿

＿＿

任务4.2 弧度制的概念

 教学目标

1. 知识目标

（1）理解1弧度的角的意义和弧度制的定义，建立弧度制概念.

（2）掌握弧长公式.

2. 能力目标

（1）通过弧度制定义的探索过程，培养学生用数学语言表述问题的能力.

（2）通过对弧度制下弧长公式的探究，培养学生计算和发现问题的能力.

3. 素质目标

（1）渗透由特殊到一般的思想方法.

（2）培养学生的观察能力.

4. 应知目标

（1）在弧度制下计算圆心角的弧度数.

（2）弧长公式.

预习提纲

（1）度量长度的时候可以用不同的单位制表示，例如：_____.

（2）度量重量的时候可以用不同的单位制表示，例如：_____.

（3）在平面几何里，1°是怎么定义的？

_____

（4）角度制的换算关系：

1°=_____′；   1′=_____″.

闯关学习

第一关 初探"弧度"

1. 自主学习

（1）以 O 为圆心，以 $4\,\mathrm{cm}$ 长为半径画圆.

（2）准备一根软线绳.

（3）在所做的圆 O 上，画出射线 OA 使之平行于教材底边，交圆 O 于点 A.

（4）在圆周上截取长度等于半径的一段圆弧 AB.

（5）画出圆心角 $\angle AOB$.

总结：$\angle AOB = 1$ 弧度，记作 $\angle AOB = 1$ rad.

2. 核心知识

（1）1 rad：长度等于_____的圆弧所对的圆心角的大小.

（2）**弧度制**：以弧度为单位度量角的制度.

3. 学以致用

对于弧度制下的任意角，正角的弧度数是_____；负角的弧度数是_____；零角的弧度数是_____.

第二关 深入"弧度"

1. 自主学习

（1）仍以 O 为圆心，以 5 cm 长为半径画圆.

（2）延长 OA 并与大圆交于 A'，延长 OB 并与大圆交于 B'.

（3）仍然利用软线绳，在大圆周上测量圆弧 $A'B'$ 的长度为_____，则 $\angle A'OB' = $_____rad.

思考：圆的半径改变了，1 rad 角的大小有没有改变？

结论：弧度的大小与圆的半径_____（有关/无关）.

2. 核心知识

弧度的大小与圆的半径_____.

第三关 弧度制下的"弧长公式"

1. 自主学习

（1）利用软线绳在以 O 为圆心、4 cm 长为半径的圆上分别测量并画出下列弧长的圆心角，并填空：

① $2r$，其对应的圆心角为____rad；

② $1.5r$，其对应的圆心角为____rad；

③ $0.5r$，其对应的圆心角为____rad.

（2）讨论总结：

任意角的弧度数 α 和弧长 l 及半径 r 的关系为_____.

因为弧度数有正有负，所以任意角的弧度数 α 和弧长 l 及半径 r 的关系为：_____.

（3）推理关系：

如果半径为 r、弧长为 l 的圆弧所对的圆心角为 α 弧度，推出这三个量间的关系：

弧度的计算公式：$|\alpha| =$_____.（已知弧长和半径）

弧长的计算公式：$l =$_____.（已知半径和圆心角的弧度数）

半径的计算公式：$r =$_____.（已知弧长和圆心角的弧度数）

2. 核心知识

弧长公式：$l =$_____（半径为 r、弧长为 l 的圆弧所对的圆心角为 α 弧度）

3. 学以致用

已知车床加工工件时，一工件在圆周上转过的弧度数为 –4 rad，圆的半径为 40 cm，求工件转过的弧长.

4. 能力提升

已知一扇形的弧长为 120 cm，扇形圆弧所对的圆心角的弧度数为 5 rad，求此扇形的半径.

第四关　弧度制的历史

1. 数学历史

数学家欧拉与弧度制

18 世纪以前，人们一直用线段的长度来定义三角函数. 后来，欧拉在他的著作中提出了弧度制思想. 弧度制的基本思想是使圆的半径与圆的周长用同一度量单位，然后用对应的弧长与圆的半径之比来度量角度. 弧度制的精髓就在于统一了弧长与半径的单位，从而大大简化了有关的公式及运算，在高等数学中，其优点格外明显.

图 4-5

欧拉（见图 4-5）(Euler，1707—1783)，瑞士数学家及自然科学家，是 18 世纪数学界最杰出的人物之一，他不但为数学界做出了巨大贡献，更是把数学推广至物理学等的多个领域. 此外，他还是数学史上最多产的数学家，写了大量的力学、分析学、几何学、变分法等领域的专著.

欧拉于 1707 年 4 月 15 日出生于瑞士的巴塞尔，1783 年 9 月 18 日在俄国的彼得堡去世. 欧拉出生于牧师家庭，自幼受父亲的影响，13 岁时入读巴塞尔大学，15 岁大学毕业，16 岁获得硕士学位. 欧拉的父亲希望他学习神学，但他最感兴趣的还是数学. 在上大学时，欧拉专心研究数学，此时彻底放弃了当牧师的想法. 19 岁时（1726 年），欧拉开始创作文章，并获得巴黎科学院奖金. 1727 年，在丹尼尔·伯努利的推荐下，欧拉到俄国的彼得堡科学院从事研究工作，并于 1731 年接替丹尼尔·伯努利成为物理学教授.

2. 德育教育

讨论：从数学家欧拉身上我们学到了什么精神？

 应知检测

1. 设圆的周长 $2\pi r$，在弧度制下它所对的圆心角是多少弧度？

2. 写出弧度制下的弧长公式.

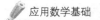

 **作业巩固**

必做题：

1. 在半径不等的圆中，1 弧度所对的（　　　）.

A. 弦长相等　　　　　　　　　　　　B. 弧长相等

C. 弦长等于所在圆的半径　　　　　　D. 弧长等于所在圆的半径

2. 已知圆的半径为 2 cm，求 5 弧度圆心角所对的弧长.

选作题： 将分针拨快 10 min，则分针转过的弧度数是（　　　）.

 谈谈你的收获

_____

_____

任务 4.3　角度和弧度的换算

 教学目标

1. 知识目标

（1）掌握角度制与弧度制间的换算关系.

（2）掌握特殊角的弧度数与角度数的互化.

2. 能力目标

（1）通过弧度制和角度制间的换算，让学生进行算法练习，培养学生的计算能力.

（2）培养学生对弧度制和角度制下的公式进行互相转化的能力.

3. 素质目标

（1）要意识到角的两种度量制度是互相联系、辩证统一的.

（2）进一步加强学生对辩证统一思想的理解.

4. 应知目标

（1）能将角度制下的公式、度数转化成弧度制下的公式、度数.

（2）能将弧度制下的公式、度数转化成角度制下的公式、度数.

📖 预习提纲

（1）度量角的大小有几种方法？＿＿＿＿＿＿＿＿＿＿＿＿＿＿＿＿＿＿＿＿＿＿＿＿＿.

（2）1° = ＿＿＿＿＿＿＿＿＿＿rad.

（3）1 rad = ＿＿＿＿＿＿＿＿＿＿°.

（4）圆的周长计算公式：＿＿＿＿＿＿＿＿＿＿＿＿＿＿＿＿＿＿＿＿＿.

📖 闯关学习

第一关　特殊角的度与弧度间的换算

1. 自主学习

（1）一个圆周的圆心角是＿＿＿°；

（2）圆的周长计算公式 $l =$ ＿＿＿＿＿＿，一个圆周的圆心角 $\alpha =$ ＿＿＿＿＿弧度（rad）.

（3）圆心角的"度"与"弧度"的换算关系为＿＿＿.

（4）根据上述换算关系，尝试推出：

$180° =$ ＿＿＿＿＿；$90° =$ ＿＿＿＿＿；$60° =$ ＿＿＿＿＿；$30° =$ ＿＿＿＿＿；$45° =$ ＿＿＿＿＿.

2. 核心知识

特殊角的度与弧度间的换算关系如表 4-1 所示.

表 4-1

角度制	30°	45°	60°	90°	180°	360°
弧度制	$\dfrac{\pi}{6}$	$\dfrac{\pi}{4}$	$\dfrac{\pi}{3}$	$\dfrac{\pi}{2}$	π	2π

第二关　角度化弧度

1. 自主学习

由于 $180° = \pi$，请同学们尝试推出：

$1° =$ ＿＿＿＿＿ ≈ ＿＿＿＿＿.

2. 核心知识

角度转化成弧度的公式：

$1° = \dfrac{\pi}{180}$ rad ≈ 0.01745 rad .

3. 学以致用

将下列各角度转化成弧度：

（1）0°；　　　　　　　　（2）270°；　　　　　　　　（3）225°；

（4）135°；　　　　　　　（5）240°；　　　　　　　　（6）1500°；

（7）－144°；　　　　　　（8）－30°；　　　　　　　　（9）－90°；

（10）－315°；　　　　　　（11）－60°；　　　　　　　（12）－120°.

4. 合作交流

已知圆的半径为 2 cm，求 150°圆心角所对的弧长.

5. 能力提升

将 22°30′转化成弧度制.

第三关 弧度化角度

1. 自主学习

由于 $\pi = 180°$，请同学们尝试推出：

1 rad = ＿＿＿＿＿ ≈ ＿＿＿＿＿.

2. 核心知识

弧度转化成角度的公式：

$$1\,\mathrm{rad} = \left(\frac{180}{\pi}\right)^{\circ} \approx 57.30°.$$

3. 学以致用

将下列各弧度转化成角度：

（1）$\dfrac{7}{6}\pi$；

（2）$\dfrac{5}{3}\pi$；

（3）$\dfrac{11}{6}\pi$；

（4）$\dfrac{5}{4}\pi$；

（5）0；

（6）$\dfrac{\pi}{2}$；

（7）$-\dfrac{7}{2}\pi$；

（8）-3π；

（9）$-\dfrac{3}{10}\pi$；

（10）$-\dfrac{\pi}{12}$；

（11）$-\dfrac{23}{6}\pi$；

（12）$-\dfrac{11}{4}\pi$.

第四关　弧度制的应用

1. 在机械中的应用

利用：$1\,\mathrm{rad} \approx 57.30°$，可推出小带轮包角大小的计算公式：

$$\alpha \approx 180° - \left(\frac{d_{d2} - d_{d1}}{a}\right) \times 57.3°.$$

2. 在电工学中的应用

（1）正弦交流电中，电压及电动势变化一周可用 2π 弧度来表示.

（2）角频率为 $\omega = \dfrac{2\pi}{T} = 2\pi f$.

应知检测

1. 225°=_____rad.

2. $-\dfrac{\pi}{4}$ =_____°.

 作业巩固

必做题：

1. 把下列各角用弧度制表示（用 π 表示）：

420°=____；300°=____；−120°=____.

2. 把下列各角用角度制表示：

$\dfrac{5\pi}{3}$ =____；$\dfrac{3\pi}{5}$ =____；$-\dfrac{11\pi}{6}$ =____.

选作题：

1. 用计算器将下列各角度化成弧度（精确到 0.01）：

310°=____；−618°=____.

2. 用计算器将下列各弧度化成度（精确到 0.1）：

3=____°；$\dfrac{\pi}{11}$ =____°.

🎓 **谈谈你的收获**

_____

_____

任务 4.4　勾股定理

📋 **教学目标**

1. 知识目标

（1）通过探究找出直角三角形中三边的平方关系：勾股定理.

（2）利用勾股定理解决相关问题.

2. 能力目标

（1）通过观察、讨论、归纳，进一步培养学生的探究及推理能力.

（2）培养学生树立用数学的意识，学会与人合作的能力，同时培养其民族自豪感.

3. 素质目标

（1）感受历史，体会勾股定理的文化价值.

（2）感悟数学之美，体味探究之趣.

4. 应知目标

（1）理解勾股定理及其逆定理.

（2）能判断三角形是否为直角三角形.

预习提纲

（1）直角三角形的三角关系：_____.

（2）直角三角形的三边关系：_____.

（3）勾股定理的别称：_____.

闯关学习

第一关 勾股历史

1. 自主阅读

当你遇到一件非常高兴的事后，你会干什么？

有一位叫毕达哥拉斯（见图 4-6）的古希腊著名数学家就遇见一件令他非常高兴的事，之后，他们竟然杀死一百头牛！你想知道这是为什么吗？

毕达哥拉斯（约公元前 580～约前 500）是古希腊数学家、哲学家. 相传在 2500 年以前，毕达哥拉斯到朋友家去做客，主人家的餐厅豪华如宫殿，地面上铺着精美的正方形大理石地砖.由于大餐迟迟不上桌，饥肠辘辘的贵宾们颇有怨言，但是这位善于观察的数学家正双眼凝视着脚下这些排列规则的、美丽的方形瓷砖——他不是在欣赏瓷砖的美丽，而是在全神贯注地思考一个数学问题，以至于整整那一顿饭的时间，这位古希腊数学大师的视线都没有离开过地面！此刻，他发现了一个伟大的定理，人们称之为毕达哥拉斯定理（见图 4-7）！为了庆祝这一定理的发现，毕达哥拉斯学派竟杀了一百头牛酬谢供奉神灵，因此这个定理又被称为"百牛定理".

图 4-6

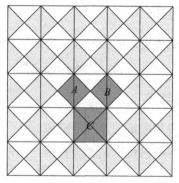

图 4-7

2. 素质教育

同学们一定听说过"勾三，股四，弦五"吧，其实，毕达哥拉斯定理也叫做勾股定理. 勾股定理是一个基本的几何定理，它是用代数思想解决几何问题的最重要的工具之一，也是数形结合的纽带之一. 因此，勾股定理是几何学中一颗光彩夺目的明珠，被称为"几何学的基石"，而且在高等数学和其他学科中也有着极为广泛的应用. 正因为如此，世界上几个文明古国都对其进行了广泛深入的研究，中国是最早发现这一几何宝藏的国家. 早在公元前 1120 年，商高就开始研究勾股定理了. 中国古代数学家称直角三角形为勾股形（见图 4-8），较短的直角边称为勾，另一直角边称为股，斜边称为弦，所以勾股定理也称为勾股弦定理.

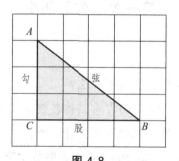

图 4-8

同学们一定记得在中学学过的初中数学课本吧（见图 4-9）. 初中数学课本封面上的由四个直角三角形组成的图案，就是第 24 届国际数学家大会的会标（见图 4-10）.

图 4-9

图 4-10

2002 年 8 月 20 日，第 24 届国际数学家大会在中国北京人民大会堂召开．这是国际数学家大会第一次在发展中国家召开，也是第一次由发展中国家数学家担任大会主席，会议主席是中国数学家吴文俊院士．国际数学家大会已有百余年历史，它是世界上最高水平的数学科学学术会议，被誉为国际数学界的"奥林匹克"．大会颁发的菲尔茨奖是最著名的世界性数学奖，被誉为"数学领域的诺贝尔奖"．

第 24 届国际数学家大会为什么选用此图作为会标？它有什么特殊的含义呢？原来，此图被称为"赵爽弦图"（见图 4-11），是我国汉代数学家赵爽在证明勾股定理时所用的．此图表现了我国古人对数学的钻研精神和聪明才智，是我国古代数学的骄傲！勾股定理的发现是中华民族的骄傲！

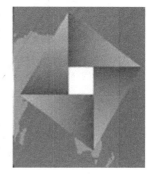

图 4-11

下面就来开启我们的勾股闯关之旅吧．

第二关　走进勾股

1. 自主学习

学生准备工具：三角板，圆规．

要求：学生在练习本上，按照给定的尺寸，尽量准确地作出三个直角三角形：

（1）两直角边边长分别为 3 cm 和 4 cm；

（2）两直角边边长分别为 6 cm 和 8 cm；

（3）两直角边边长分别为 5 cm 和 12 cm．

让学生根据测量结果，完成表4-2：

表 4-2

a	b	c	a^2+b^2	c^2
3	4			
6	8			
5	12			

思考：通过以上数据，我们得到什么结论？

2. 验证结论

将四个全等的直角三角形围成一个正方形（见图 4-12），请用两种方法表示出大正方形的面积．

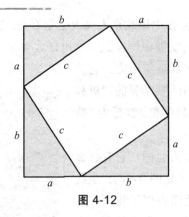

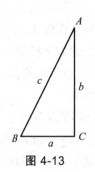

图 4-12

图 4-13

3. 核心知识

勾股定理：在直角三角形（见图 4-13）中，两条直角边的平方和等于斜边的平方. 即：

_____

4. 学以致用

在电工学中涉及电压、功率和阻抗三个三角形. 依照勾股定理，分别用等式将它们表示出来：

（1）电压三角形（见图 4-14）的表达式为_____；

（2）功率三角形（见图 4-15）的表达式为_____；

（3）阻抗三角形（见图 4-16）的表达式为_____.

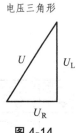

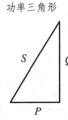

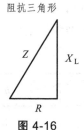

图 4-14

图 4-15

图 4-16

5. 定理变形

在直角三角形中，三边的关系如下：

（1）若已知 a，b，求 c. 利用勾股定理得 $c^2 = $_____；

（2）若已知 a，c，求 b. 利用勾股定理的变形公式得 $b^2 = $_____；

（3）若已知 b，c，求 a. 利用勾股定理的变形公式得 $a^2 = $_____.

6. 能力提升

如图 4-17 所示，一棵大树在离地面 10 m 处断裂，树顶落在离树根 24 m 处，大树在折断之前有多高?

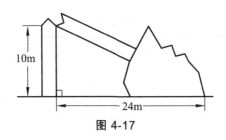

图 4-17

第三关　反转勾股

1. 自主学习

观察三组数据（见表 4-3），它们分别是一个三角形的三边长 a, b, c.

表 4-3

a	b	c	是否满足 $a^2 + b^2 = c^2$	是否为直角三角形
11	9	14		
15	8	18		
5	12	13		

（1）计算验证. 这三组值都满足 $a^2 + b^2 = c^2$ 吗？

（2）动手作图. 分别以每组数为三边长作出三角形，然后用量角器量一量，它们都是直角三角形吗？

总结：通过以上数据，我们能感受到什么？

2. 核心知识

勾股定理的逆定理：如果三角形的三边长分别为 a, b, c，若满足：＿＿＿＿＿＿＿＿，则此三角形为直角三角形.

3. 学以致用

设三角形的三边长分别为表 4-4 中的各组数，利用勾股定理的逆定理判断，各三角形是否是直角三角形，完成表 4-4.

表 4-4

a	b	c	是否满足 $a^2+b^2=c^2$	是否为直角三角形
7	24	25		
12	35	37		
6	9	14		

 应知检测

1. 用文字叙述勾股定理及其逆定理的内容.

2. 已知 $\triangle ABC$ 的三边分别为 $a=8,\ b=15,\ c=17$，试判断此三角形是否为直角三角形.

作业巩固

必做题：

图 4-18 是一个长方形零件，根据所给尺寸（单位：mm），求两孔中心 A, B 之间的距离.

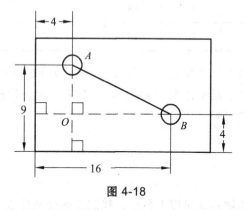

图 4-18

选作题：

今有池方一丈，葭生其中央. 出水一尺，引葭赴岸，适与岸齐，问水深、葭长各几何？
（见图 4-19）.

注：这是我国古代数学著作《九章算术》中记载的一个问题. 大体意思是：有一个水池，

水面是一个边长为 10 尺的正方形. 在水池的中央有一根新生的芦苇，它高出水面 1 尺. 如果把这根芦苇垂直拉向岸边，它的顶端恰好到达岸边的水面. 请问这个水池的深度和这根芦苇的长度各是多少？

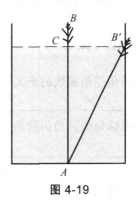

图 4-19

 谈谈你的收获

任务 4.5 锐角三角函数概念

📋 **教学目标**

---

1. 知识目标

（1）掌握正弦函数、余弦函数、正切函数的定义.

（2）掌握特殊角的三角函数值.

2. 能力目标

（1）经历探索直角三角形中边与角的关系，培养学生由特殊到一般的演绎推理能力.

（2）在主动参与概念探索的过程中，发展学生的合情推理能力和合作交流、探究发现的意识.

3. 素质目标

（1）培养学生的自主学习能力.

（2）提升学生与他人合作探究的意识.

4. 应知目标

（1）掌握锐角三角函数的概念.

（2）掌握特殊角的三角函数值.

📖 预习提纲

（1）锐角三角函数的定义：＿＿＿＿＿＿＿＿＿＿＿＿＿＿＿＿＿

＿＿＿＿＿＿＿＿＿＿＿＿＿＿＿＿＿＿＿＿＿＿＿＿＿＿＿＿＿＿；

（2）特殊角的三角函数值：＿＿＿＿＿＿＿＿＿＿＿＿＿＿＿＿

＿＿＿＿＿＿＿＿＿＿＿＿＿＿＿＿＿＿＿＿＿＿＿＿＿＿＿＿＿．

📖 闯关学习

第一关　闯关热身

美国人体工程学研究人员卡特·克雷加文调查发现，70%以上的女性喜欢穿鞋跟为 6～7 cm 的高跟鞋，但专家认为，穿 6 cm 以上的高跟鞋，其腿肚、背部等处的肌肉非常容易疲劳. 那么，女性穿多高鞋跟的高跟鞋合适呢？据研究，当高跟鞋的鞋底与地面的夹角为 11° 左右时，人脚的感觉最舒适. 假设某成年人的脚前掌到脚后跟长为 15 cm，不难算出，鞋跟高度在 3 cm 左右为最佳.

同学们，你们知道专家是怎样计算的吗？让我们开启今天的闯关之旅吧！

第二关　初探锐角三角函数

1. 自主学习

（1）勾股定理：＿＿＿＿＿＿＿＿＿＿＿＿＿＿＿＿＿＿＿＿＿＿．

（2）直角三角形的两个锐角和是＿＿＿＿＿＿＿＿＿＿＿＿＿＿＿．

（3）如图 4-20 所示，在 Rt△ABC 中，∠C = 90°，则

边 a 是 ∠A 的＿＿＿＿边，

边 b 是 ∠A 的＿＿＿＿边，

边 c 是 ∠A 的＿＿＿＿边.

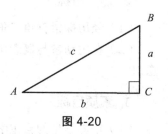

图 4-20

2. 核心知识

（1）如图 4-20 所示，在 Rt△ABC 中，∠C = 90°，∠A 的对边记作 a，∠B 的对边记作 b，∠C 的对边记作 c，那么三条边 a,b,c 之

间两两作比，比值一共有_____种情况.

比值分别是：_____.

如果互为倒数的两组只留下一组，则比值为：_____.

（2）总结：

锐角三角函数的概念：如图 4-20 所示，在 Rt△ABC 中，$\angle C = 90°$，$\angle A$ 的对边记作 a，$\angle B$ 的对边记作 b，$\angle C$ 的对边记作 c. 我们把：

锐角 A 的**对边与斜边的比值**叫做 $\angle A$ **的正弦**，记作 $\sin A$，即 $\sin A =$ _____；

锐角 A 的**邻边与斜边的比值**叫做 $\angle A$ **的余弦**，记作 $\cos A$，即 $\cos A =$ _____；

锐角 A 的**对边与邻边的比值**叫做 $\angle A$ **的正切**，记作 $\tan A$，即 $\tan A =$ _____.

3. 学以致用

在 Rt△ABC 中，$\angle C = 90°$，$AC = 3$，$CB = 4$，求 $\sin B, \cos B, \tan B$ 的值.

解：根据勾股定理得斜边 $AB =$ _____.

则 $\sin B =$ _____，　$\cos B =$ _____，　$\tan B =$ _____.

第三关　特殊角的三角函数值

1. 自主学习

（1）在图 4-21 所示的 Rt△ABC 中，令 $\angle C = 90°$，$\angle A = 30°$.

（2）在图 4-22 所示的 Rt△ABC 中，令 $\angle C = 90°$，$\angle A = 45°$.

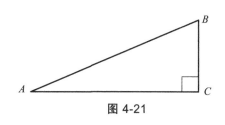

图 4-21

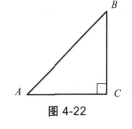

图 4-22

根据勾股定理，填写表 4-5 中的空格.

表 4-5

	对边	邻边	斜边
30°（图 4-21）			
45°（图 4-22）			
60°（图 4-21）			

2. 核心知识

根据锐角三角函数的定义及表 4-5 中的数据，让学生分组讨论并填写表 4-6 中的空格.

表 4-6

三角函数	30°	45°	60°
$\sin\alpha$			
$\cos\alpha$			
$\tan\alpha$			

3. 学以致用

如图 4-23 所示，已知 $\angle A = 11°$，$AB = 15\,\text{cm}$，根据锐角三角函数的定义，要想求 BC 的长度，需用正弦函数，即

$$\sin A = \frac{BC}{AB}.$$

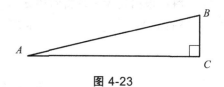

所以 $BC = AB \cdot \sin A$.

所以 $BC = 15 \cdot \sin 11°$.

使用手机计算器可得 $BC = $ _____ cm.

图 4-23

应知检测

已知在 $\text{Rt}\triangle ABC$ 中，$\angle C = 90°$，

（1）若 $AB = 10, BC = 8$，求 $\angle A$ 的正弦；

（2）若 $AB = 6, \angle A = 30°$，求 AC 的长.

作业巩固

必做题：

1. 三角形在正方形网格中的位置如图 4-24 所示，则

角 α 的对边为 _____，

角 α 的邻边为 _____，

在直角三角形中，由勾股定理得：

三角形的斜边为 _____.

根据锐角三角函数的定义得：

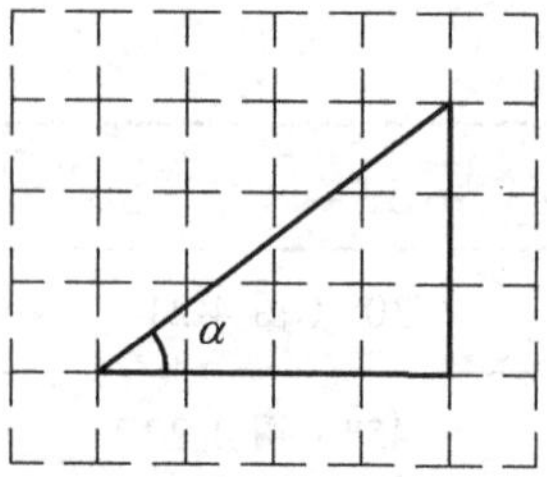

$\sin\alpha = $ _____，

$\cos\alpha = $ _____，

$\tan\alpha = $ _____.

图 4-24

2. 在Rt△ABC中，∠C = 90°，BC = 2，$\sin A = \dfrac{2}{3}$，按照锐角三角函数的定义得：

$\sin A = \dfrac{2}{3} = $＿＿＿＿＿＿＿＿＿，

则斜边的长度＿＿＿＿＿＿＿＿＿＿＿＿．

选做题：

如图 4-25 所示，一根长 5 m 的竹竿 AB，斜靠在一竖直的墙 AO 上，这时 AO 的长为 4 m. 如果竹竿的顶端 A 沿墙下滑 0.5 m，那么竹竿底端 B 也外移 0.5 m 吗？

解：根据勾股定理，

在 Rt△ABO 中，BO =＿＿＿＿＿＿＿=＿＿＿＿＿＿＿=＿＿＿＿（m），

在 Rt△COD 中，DO =＿＿＿＿＿＿＿=＿＿＿＿＿＿＿=＿＿＿＿（m），

所以 BD =＿＿＿ – ＿＿＿ = ＿＿＿＿＿（m）．

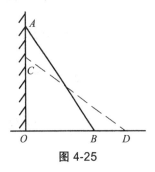
图 4-25

 谈谈你的收获

＿＿

＿＿

任务 4.6　锐角三角函数的应用

教学目标

1. 知识目标

（1）巩固锐角三角函数的相关内容.

（2）掌握锐角三角函数的相关应用.

2. 能力目标

（1）培养学生将已有的知识进行巩固和消化的迁移能力.

（2）将数学知识与电工学知识有机结合，在具体问题中感悟数学的实用性.

3. 素质目标

（1）培养学生的竞争意识.

（2）提升学生与他人合作探究的意识.

4. 应知目标

（1）熟记特殊角的三角函数值.

（2）能够应用特殊角的三角函数值进行相关运算.

预习提纲

（1）熟记特殊角的三角函数值：_____

_____.

（2）特殊角三角函数值的混合运算：_____.

闯关学习

第一关　通力合作

比赛内容：关于 30°, 45°和 60°角的三角函数值的记忆.

比赛方法：将学生分成八组，教师出题，每组一题，答对者得 10 分，答错者不得分. 按照总分将各组成绩排序，第一名为冠军队.

表 4-7

	一组	二组	三组	四组	五组	六组	七组	八组
第一轮								
第二轮								
第三轮								
总分								

第二关　大显身手

1. 求下列各式的值：

（1）$2\sin 30° - \sqrt{2}\cos 45°$；

（2）$\tan 30° - \sin 60° \cdot \sin 30°$；

（3）$\cos 45° + 3\tan 30° + \cos 30° + 2\sin 60° - 2\tan 45°$；

（4）$\sin^2 60° + \cos^2 60°$；

（5）$\dfrac{\cos 45°}{\sin 45°} - \tan 45°$.

2. 求适合下列条件的锐角 α 的值.

（1）因为 $\cos\alpha = \dfrac{1}{2}$，所以适合条件的锐角 α 为 _____；

（2）因为 $\tan\alpha = \dfrac{\sqrt{3}}{3}$，所以适合条件的锐角 α 为 _____；

（3）因为 $\sin 2\alpha = \dfrac{\sqrt{2}}{2}$，所以适合条件的锐角 2α 为 _____，4 锐角 α 为 _____.

第三关　实战应用

1. 如图 4-26 所示，在功率三角形中，已知角 φ 和视在功率 S，如何表示有功功率 P 和无功功率 Q?

解：应用锐角三角函数的定义得：

（1）$\cos\varphi = $ _____，

所以 $P = $ _____.

（2）$\sin\varphi = $ _____，

所以 $Q = $ _____.

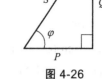

图 4-26

2. 如图 4-27 所示，某继电器的线圈电阻 $R = 15\ \Omega$，感抗 $X_L = 20\ \Omega$，求：

（1）Z 的值；（2）$\cos\varphi$ 的值.

解：（1）由阻抗三角形得：

_____² + _____² = _____².

所以 $Z = $ _____ = _____.

（2）$\cos\varphi = $ _____ = _____.

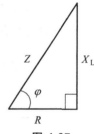

图 4-27

应知检测

1. 若 $\cos\alpha = \dfrac{1}{2}$，则锐角 α 的度数为多少？

2. 求值：$\sin^2 30° + \cos^2 30°$.

作业巩固

必做题：

1. 如图 4-28 所示，已知在 $Rt\triangle ABC$ 中，$\angle C = 90°$，$BC = 1$，$AB = 2$，$\angle A = 30°$，根据锐角三角函数的定义，得：

$\sin 30° = $ _____，

$\cos 30° = $ _____，

$\sin 60° = $ _____，

$\cos 60° = $ _____.

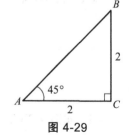

图 4-28

2. 如图 4-29 所示，已知在 $Rt\triangle ABC$ 中，$\angle C = 90°$，$BC = 2$，$AC = 2$，$\angle A = 45°$，求 $\sin 45°$，$\cos 45°$ 的值.

解：根据锐角三角函数的定义，得：

$\sin 45° = $ _____，

$\cos 45° = $ _____.

选做题：

1. 计算：$\tan^2 30° + 2\sin 60° - \tan 45° \cdot \sin 90° - \tan 60° + \cos^2 30°$.

2. 填空：

因为 $6\cos(\alpha - 16°) = 3\sqrt{3}$，

所以 $\cos(\alpha - 16°) = $ _____.

所以适合条件的锐角 $\alpha - 16°$ 为_____.

所以适合条件的锐角 α 为_____.

 谈谈你的收获

任务 4.7　任意角的三角函数

教学目标

1. 知识目标

（1）掌握正弦函数、余弦函数、正切函数的定义.

（2）掌握特殊角的三角函数值.

2. 能力目标

（1）学会运用正弦函数、余弦函数、正切函数的定义求相关角的三角函数值.

（2）熟记特殊角的三角函数值.

3. 素质目标

（1）在定义学习及概念同化和精致的过程中培养学生的类比、分析及研究问题的能力.

（2）培养学生的团队合作精神.

4. 应知目标

（1）掌握任意角的三角函数定义.

（2）会求终边上任意一点的三个三角函数值.

预习提纲

（1）任意角的三角函数定义：_____

_____；

（2）特殊角的三角函数值：_____

_____.

闯关学习

第一关　闯关热身

思考并讨论：我们把角的范围从 0°到 360°推广到任意角，那么，锐角三角函数的定义还能适用么？比如求 sin200°的值？

第二关　初探任意角的三角函数

1. 自主学习

观察图 4-30，填写表 4-8：

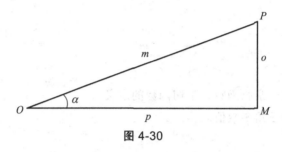

图 4-30

表 4-8

	α 的对边	α 的邻边	斜边	$\sin\alpha$	$\cos\alpha$	$\tan\alpha$
△OMP 中						

观察图 4-31，将直角三角形 OMP 放在直角坐标系中，使得点 O 与坐标原点重合，OM 边在 x 轴的正半轴上，填写表 4-9 中的空格：

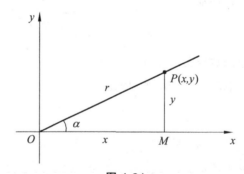

图 4-31

表 4-9

	P 点的纵坐标	P 点的横坐标	OP 的长度 r	$\sin\alpha$ 用坐标表示	$\cos\alpha$ 用坐标表示	$\tan\alpha$ 用坐标表示
△OMP						

对比表 4-8 和 4-9 后，得出结论：_____

_____.

2. 核心知识

任意角的三角函数定义：

设 α 是任意大小的角，点 $P(x,y)$ 为角 α 的终边上任意一点（不与原点重合），点 P 到原点的距离为 $r =$＿＿＿＿＿，$r > 0$，那么角 α 的正弦函数、余弦函数、正切函数分别定义为：

正弦函数：$\sin\alpha =$ _____；

余弦函数：$\cos\alpha =$ _____；

正切函数：$\tan\alpha =$ _____．

3．学以致用

（1）已知角 α 的终边上一点 $P(-4,3)$，求 $\sin\alpha, \cos\alpha, \tan\alpha$ 的值．

解： 因为 $x=-4, y=3$，

所以 $r=$ _____．

由任意角的三角函数定义得：

$\sin\alpha =$ _____ $=$ _____；

$\cos\alpha =$ _____ $=$ _____；

$\tan\alpha =$ _____ $=$ _____．

（2）求下列各角的三角函数值．

① $0°$；　　② $90°$；　　③ $180°$；　　④ $270°$；　　⑤ $360°$．

参照图 4-32，填表 4-10 以完成本题的求解．

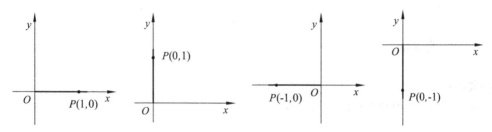

图 4-32

表 4-10

	x	y	r	$\sin\alpha$	$\cos\alpha$	$\tan\alpha$
$0°$						
$90°$						
$180°$						
$270°$						
$360°$						

（3）已知角 α 的终边上一点的坐标如下，求角 α 的正弦、余弦、正切值．

① $P(3,4)$；　　② $P(-1,2)$；　　③ $P\left(\dfrac{1}{2}, -\dfrac{\sqrt{3}}{2}\right)$．

表 4-11

	x	y	r	$\sin\alpha$	$\cos\alpha$	$\tan\alpha$
$P(3, 4)$						
$P(-1, 2)$						
$P\left(\dfrac{1}{2}, -\dfrac{\sqrt{3}}{2}\right)$						

 应知检测

1. 试写出角 α 的正弦、余弦、正切值.

2. 已知角 α 的终边上一点 $P(-3, 4)$，求 $\sin\alpha, \cos\alpha, \tan\alpha$ 的值.

作业巩固

必做题：

1. 填写表 4-12 中特殊角的三角函数值.

表 4-12

角度制	0°	30°	45°	60°	90°	180°	270°	360°
弧度制								
$\sin\alpha$								
$\cos\alpha$								
$\tan\alpha$								

2. 计算：$5\sin 90° - 2\cos 0° + \sqrt{3}\tan 180° + \cos 180°$.

选作题：

若 $\sin\alpha = \dfrac{1}{3}$，角 α 的终边过点 $N(-1, y)$，则 角 α 为第 _____ 象限角，点 N 的纵坐标

$y =$ _____， $\cos\alpha =$ _____， $\tan\alpha =$ _____.

（提示：$r = \sqrt{(-1)^2 + y^2}$， $\sin\alpha = \dfrac{y}{\sqrt{(-1)^2 + y^2}} = \dfrac{1}{3}$ ）

谈谈你的收获

任务 4.8　三角函数值的符号

 教学目标

1. 知识目标

（1）掌握特殊角的三角函数值.

（2）掌握三角函数值在各象限内的符号.

2. 能力目标

（1）通过课堂上积极主动的练习活动对学生进行思维训练，培养学生的数形结合能力.

（2）引导学生抓住定义，通过数形结合来判断和记忆三角函数值的正负符号.

3. 素质目标

（1）通过积极地参与知识的"发现"与"形成"过程，培养学生的合情猜测能力，让学生感悟数学概念的严谨性.

（2）培养学生积极主动、勇于探索的精神.

4. 应知目标

（1）学会特殊角的三角函数值的应用.

（2）掌握三角函数值在各象限内的符号.

 预习提纲

（1）熟记特殊角的三角函数值：_____

_____.

（2）掌握三角函数值在各象限内的符号：_____

_____.

 闯关学习

第一关　闯关热身

1. 填空:

设 α 为任意角, $P(x, y)$ 是 α 终边上不与原点重合的任意一点, 则点 P 到原点的距离

$r =$ ＿＿＿＿＿＿; $\sin\alpha =$ ＿＿＿＿＿＿; $\cos\alpha =$ ＿＿＿＿＿＿; $\tan\alpha =$ ＿＿＿＿＿.

2. 团队比赛.

比赛内容: 关于 $0°$, $30°$, $45°$, $60°$, $90°$, $180°$, $270°$ 和 $360°$ 角的三角函数值的记忆.

比赛方法: 将学生分成八组, 教师出题, 每组一题, 答对者得 10 分, 答错者不得分. 按照总分将各组成绩排序, 第一名为冠军队.

表 4-13

	1 组	2 组	3 组	4 组	5 组	6 组	7 组	8 组
第一轮								
第二轮								
第三轮								
总　分								

3. 计算下列各式:

（1） $5\sin 90° - 2\cos 0° + \sqrt{3}\tan 180° + \cos 180°$.

（2） $\cos\dfrac{\pi}{2} - \tan\dfrac{\pi}{4} + \dfrac{1}{3}\tan^2\dfrac{\pi}{3} - \sin\dfrac{3\pi}{2} + \cos\pi$.

第二关　总结规律

1. 自主学习

由任意角的三角函数定义可以知道: 角 α 的终边上的点的坐标符号决定了角 α 的三角函数值的符号. 参考图 4-33, 根据任意角三角函数的定义, 填写表 4-14 的内容, 然后总结出各三角函数值在各象限内的符号规律.

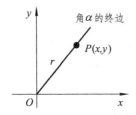 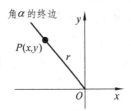

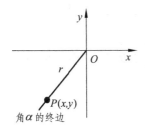 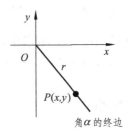

图 4-33

表 4-14

α角所在的象限	P 点的坐标		$\sin \alpha = \dfrac{y}{r}$ $(r > 0)$	$\cos \alpha = \dfrac{x}{r}$ $(r > 0)$	$\tan \alpha = \dfrac{y}{x}$
	x	y			
第一象限					
第二象限					
第三象限					
第四象限					

2. 核心知识

三角函数值在各象限内的符号：$\sin \alpha$，$\cos \alpha$ 和 $\tan \alpha$ 在各象限内的符号如图 4-34 所示.

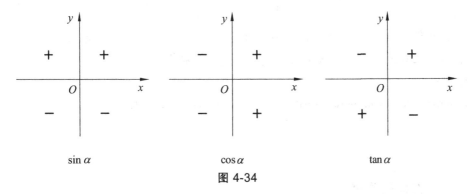

图 4-34

3. 学以致用

（1）用 "＞" "＜" 填空.

若 α 为第一象限角，则 $\sin \alpha$ _____ 0；$\cos \alpha$ _____ 0；$\tan \alpha$ _____ 0；

若 α 为第二象限角，则 $\sin\alpha$ _____ 0；$\cos\alpha$ _____ 0；$\tan\alpha$ _____ 0；

若 α 为第三象限角，则 $\sin\alpha$ _____ 0；$\cos\alpha$ _____ 0；$\tan\alpha$ _____ 0；

若 α 为第四象限角，则 $\sin\alpha$ _____ 0；$\cos\alpha$ _____ 0；$\tan\alpha$ _____ 0.

（2）用 ">" "<" 号填空.

① $\sin\dfrac{\pi}{4}$ _____ 0；② $\cos150°$ _____ 0；③ $\sin495°$ _____ 0.

解：① 因为 $\dfrac{\pi}{4}$ 是第 _____ 象限角，所以 $\sin\dfrac{\pi}{4}$ _____ 0.

② 因为 $150°$ 是第 _____ 象限角，所以 $\cos150°$ _____ 0.

③ 因为 $495° = 360°+135°$，所以是第 _____ 象限角，所以 $\sin495°$ _____ 0.

应知检测

1. 已知 α 在第一象限，则 $\sin\alpha$ _____ 0；$\cos\alpha$ _____ 0；$\tan\alpha$ _____ 0.

2. 用 ">" "<" 填空.

$\sin\dfrac{\pi}{3}$ _____ 0；$\cos120°$ _____ 0.

作业巩固

必做题：

1. 用 ">" "<" 填空.

$\cos130°$ _____ 0； $\cos\dfrac{7\pi}{6}$ _____ 0； $\cos\dfrac{\pi}{4}$ _____ 0； $\cos\left(-\dfrac{\pi}{3}\right)$ _____ 0；

$\tan\dfrac{2\pi}{3}$ _____ 0； $\tan\dfrac{7\pi}{6}$ _____ 0； $\tan\dfrac{\pi}{4}$ _____ 0； $\tan\left(-\dfrac{\pi}{3}\right)$ _____ 0.

2. 根据条件，$\sin\alpha>0$，且 $\tan\alpha<0$，确定 α 为第 _____ 象限角.

3. 若 $\sin\alpha\cdot\cos\alpha>0$，则 α 属于第 _____ 象限角.

选做题：

已知 $\tan\alpha+\sin\alpha=m$，$\tan\alpha-\sin\alpha=n$，$m+n\neq0$，求 $\cos\alpha$ 的值.

谈谈你的收获

_____

_____

任务 4.9　正弦函数的图像与性质

📋 **教学目标**

1. 知识目标

（1）掌握用"五点作图法"作出正弦函数简图的方法．

（2）理解正弦函数的定义域、最值、周期的意义．

2. 能力目标

（1）培养学生的观察能力、分析能力、归纳能力和表达能力．

（2）掌握函数的定义域、值域、周期的简单应用．

3. 素质目标

（1）使学生进一步了解从特殊到一般以及数形结合的数学方法．

（2）创设和谐融洽的学习氛围，使学生形成良好的数学思维品质．

4. 应知目标

（1）能写出用"五点法"作出正弦函数图像的五个关键点．

（2）能写出正弦函数的三个基本性质．

📖 **预习提纲**

（1）正弦函数 $y = \sin x$ 在 $[0, 2\pi]$ 上的五个关键点是：＿＿＿＿＿＿＿＿＿＿＿

＿＿＿＿＿＿＿＿＿＿＿＿＿＿＿＿＿＿＿＿＿＿＿＿＿＿＿＿＿＿＿＿＿＿＿．

（2）作正弦函数图像的步骤：＿＿＿＿＿＿＿＿＿＿＿＿＿＿＿＿＿＿＿＿＿＿

＿＿＿＿＿＿＿＿＿＿＿＿＿＿＿＿＿＿＿＿＿＿＿＿＿＿＿＿＿＿＿＿＿＿＿．

（3）正弦函数的性质：

定义域：＿＿＿＿＿＿＿＿＿＿＿；

值域：＿＿＿＿＿＿＿＿＿＿＿；

周期：＿＿＿＿＿＿＿＿＿＿＿．

📖 **闯关学习**

第一关　闯关热身

电工学中经常用到正弦交流电．正弦交流电可以用交流发电机提供，交流发电机主要用于提供电能. 当线圈在与磁感线相垂直的方向上以一定的速度逆时针转动时, 由于导线切割磁感线, 线圈将产生感应电动势, 感应电动势的图像就是我们数学中的正弦函数图像, 如图 4-35 所示.

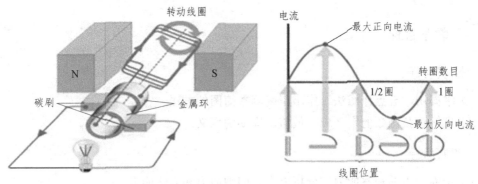

图 4-35

图 4-36 记录了装满细沙的漏斗在做单摆运动时, 沙子落在与单摆运动方向垂直的匀速运动的木板上的轨迹, 物理学中通常称这条曲线为"正弦曲线".

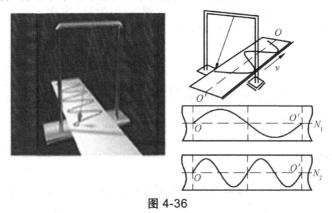

图 4-36

正弦曲线是正弦函数的图像吗? 下面, 让我们尝试着自己做出正弦函数的图像吧!

第二关　初绘正弦函数图像

1. 自主学习

(1) 作出正弦函数 $y = \sin x$ 在一个周期内的图像.

解: ① **列表**: 用计算器计算表 4-15 中的正弦函数值 (精确到 0.01).

表 4-15

x	0	$\dfrac{\pi}{6}$	$\dfrac{\pi}{3}$	$\dfrac{\pi}{2}$	$\dfrac{2\pi}{3}$	$\dfrac{5\pi}{6}$	π	$\dfrac{7\pi}{6}$	$\dfrac{4\pi}{3}$	$\dfrac{3\pi}{2}$	$\dfrac{5\pi}{3}$	$\dfrac{11\pi}{6}$	2π
y													

② **描点**：以表中对应的 x, y 值为坐标，在图 4-37 所示的坐标系中描点.

③ **连线**：将所描各点顺次用光滑曲线连接起来，即完成所求的图像.

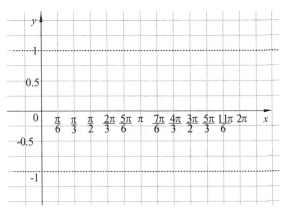

图 4-37

（2）作出正弦函数 $y = \sin x$ 在 $x \in \mathbf{R}$ 上的图像.

因为终边相同的角的三角函数值相同，所以 $y = \sin x$，$x \in \mathbf{R}$ 的图像在区间 $\cdots [-4\pi, -2\pi]$，$[-2\pi, 0]$，$[0, 2\pi]$，$[2\pi, 4\pi] \cdots$ 上的图像相同，于是平移一个周期的图像可得正弦曲线.

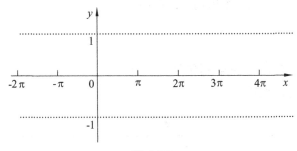

图 4-38

2. 核心知识

观察图 4-38，归纳总结正弦函数的性质：

（1）定义域：_____；

（2）最大值：_____，最小值：_____；

（3）周期 $T = $ _____.

第三关　再探正弦函数图像

1. 自主学习

用"五点法"作出正弦函数 $y = \sin x$，$x \in [0, 2\pi]$ 的图像（见图 4-39）.

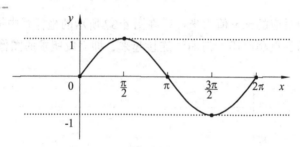

图 4-39

观察图 4-39，总结出图像上起关键性作用的五个点：最高点：_____，最低点：_____，与 x 轴的交点_____，_____，_____.

2. 核心知识

用"五点法"作图的步骤：

（1）**列表**：按_____个关键点列出基本表格；

（2）**描点**：在平面直角坐标系内描出_____个关键点；

（3）**连线**：用_____曲线将五个关键点顺次连接.

这样就得到了正弦函数在一个周期内的简图.

3. 学以致用

用"五点法"作出函数 $y = \sin x$ 在 $[0, 2\pi]$ 上的简图.

解：（1）列表：按五个关键点列表求值.

表 4-16

x	0	$\dfrac{\pi}{2}$	π	$\dfrac{3\pi}{2}$	2π
$y = \sin x$					

（2）描点、连线：

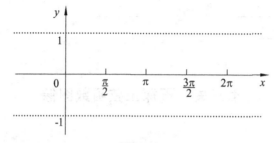

图 4-40

总结作图步骤：（1）_____；（2）_____；（3）_____.

应知检测

在同一直角坐标系内,用"五点法"作出正弦函数 $y = \sin x$ 与 $y = \sin x + 1$ 在 $x \in [0, 2\pi]$ 上的图像.

解:(1)列表、求值:

表 4-17

x	0	$\dfrac{\pi}{2}$	π	$\dfrac{3\pi}{2}$	2π
$y = \sin x$					
$y = \sin x + 1$					

(2)描点、连线:

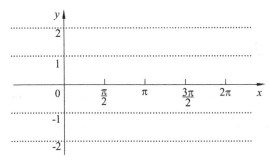

图 4-41

观察图 4-41 总结如下:

函数 $y = \sin x + 1$ 的图像可由 $y = \sin x$ 的图像_____平移_____个单位得到.

 作业巩固

必做题:

1. 在同一直角坐标系内,用"五点法"作出函数 $y = \sin x$, $y = -\sin x$ 与 $y = 2\sin x$ 在 $[0, 2\pi]$ 上的简图.

要求:首先列表,然后用铅笔和直尺完成作图.

2. 观察图像，说明函数 $y = -\sin x$ 的图像与函数 $y = \sin x$ 的图像之间的联系.

选做题：

求函数 $y = 2 - \left(\dfrac{1}{2} - \sin x \right)^2$ 的最小值.

 谈谈你的收获

_____

_____

任务 4.10　正弦型函数的概念

 教学目标

1. 知识目标

（1）掌握正弦型函数的概念以及函数 $y = \sin x$ 与函数 $y = A\sin(\omega x + \varphi)$ 之间的关系.

（2）会作正弦型函数 $y = A\sin x$ 的简图，并掌握 A 的作用.

2. 能力目标

（1）让学生自己动手作图像，通过这一过程，进一步培养学生由简单到复杂，由特殊到一般的化归思想和图像变换的能力.

（2）培养学生的数形结合能力.

3. 素质目标

（1）通过学习过程培养学生的探索与协作精神.

（2）增强学生的独立思考能力，提高学生的合作学习意识.

4. 应知目标

（1）会写出正弦型函数的基本关系式.

（2）知道正弦型函数 $y = A\sin(\omega x + \varphi)$ 中 A 的作用.

📖 预习提纲

（1）正弦型函数的定义：_____.

（2）用"五点法"作出正弦型函数图像的步骤：_____.

（3）A 叫_____.

（4）A 的作用：_____.

（5）A 决定了函数的_____.

（6）A 决定正弦型函数的最值，最大值为_____，最小值为_____.

📖 闯关学习

第一关　闯关热身

1. 写出正弦函数 $y = \sin x$ 的定义域_____，值域_____，

周期 $T =$ _____.

2. 将作出正弦函数 $y = \sin x, x \in [0, 2\pi]$ 图像的五个关键点列入表 4-18 中.

表 4-18

x					
$y = \sin x$					

3. 作出正弦函数 $y = \sin x$ 在一个周期内的简图.

第二关　探究正弦型函数

1. 自主学习

正弦交流电是中职学校专业基础课"电工学"的重要内容. 在电工学中，电流强度的大

小和方向都随时间变化的电流叫做交变电流，简称交流电．其中最简单的是简谐交流电，其电流的大小和方向都随时间而变化，且满足 $i = I\sin(\omega t + \varphi)$ 的函数关系．在数学中，正弦型函数的表达式为_____．在本节课中，希望同学们通过对正弦型函数的深入学习，更好地研究正弦交流电，以便为电工课和专业课打好基础！

2. 核心知识

正弦型函数：形如_____的函数称为正弦型函数．其中 A,ω,φ 均为常数，且 $A>0,\omega>0,x$ 为实数．

3. 能力提升

比较正弦型函数 $y = A\sin(\omega x + \varphi)$ 与正弦函数 $y = \sin x$，可得出结论：正弦函数 $y = \sin x$ 就是正弦型函数 $y = A\sin(\omega x + \varphi)$ 在 $A =$ _____；$\omega =$ _____；$\varphi =$ _____ 时的特殊情况．如图 4-42 所示．

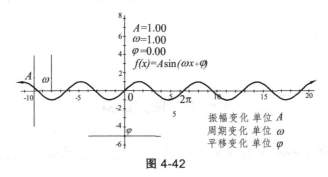

图 4-42

4. 探究讨论

函数解析式 $y = 3\sin\left(2x + \dfrac{\pi}{3}\right)$ 中的三个参数分别是 $A =$ _____，$\omega =$ _____，$\varphi =$ _____．这三个参数对于正弦型函数的图像又有哪些影响呢？

第三关　参数 A 对函数 $y = \sin x$ 的图像的影响

1. 自主学习

（1）用"五点法"作出函数 $y = \sin x$，$y = 2\sin x$，$y = \dfrac{1}{2}\sin x$，$x \in [0, 2\pi]$ 的简图．

解：① 列表、求值：

表 4-19

x	0	$\frac{\pi}{2}$	π	$\frac{3\pi}{2}$	2π
$y = \sin x$ （实线）					
$y = 2\sin x$ （虚线）					
$y = \frac{1}{2}\sin x$ （粗虚线）					

② 描点、连线：用实线、虚线和粗虚线三种线条，在图 4-43 所示的坐标系内，按照题目要求，分别作出三个函数在一个周期内的简图.

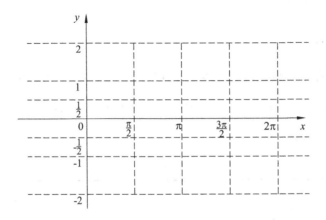

图 4-43

（2）比较函数 $y = \sin x$，$y = 2\sin x$，$y = \frac{1}{2}\sin x$，$x \in [0, 2\pi]$ 的图像（见图 4-44），填写表 4-20 的空格.

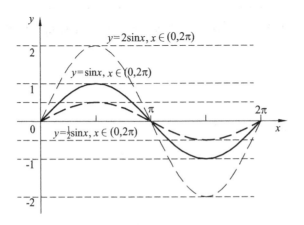

图 4-44

表 4-20

正弦型函数	$y = \sin x$	$y = 2\sin x$	$y = \dfrac{1}{2}\sin x$	$y = A\sin x$
最大值				
最小值				

2. 核心知识

A 的作用：

A 使正弦函数的图像发生_____变化；

A 决定函数的_____，最大值为_____，最小值为_____；

A 称为简谐振动的_____.

应知检测

分别用实线、虚线和粗虚线三种线条，在同一直角坐标系内，用"五点法"作出函数 $y = \sin x$，$y = 3\sin x$，$y = \dfrac{1}{3}\sin x$，$x \in [0, 2\pi]$ 的简图，并分别求出最值.

解：（1）列表、求值：

表 4-21

x	0	$\dfrac{\pi}{2}$	π	$\dfrac{3\pi}{2}$	2π
$y = \sin x$（实线）					
$y = 3\sin x$（虚线）					
$y = \dfrac{1}{3}\sin x$（粗虚线）					

（2）描点、连线：用实线、虚线和粗虚线三种线条，在直角坐标系内，作出三个函数在一个周期内的简图.

作业巩固

必做题：

分别用实线、虚线和粗虚线三种线条，在同一坐标系内，用"五点法"作出函数 $y = \sin x$，

$y = \dfrac{2}{3}\sin x$，$y = \dfrac{3}{4}\sin x$，$x \in [0, 2\pi]$ 的简图.

选做题：

用"五点法"作出函数 $y = \dfrac{1}{3}\sin x - 2$，$x \in [0, 2\pi]$ 的简图.

 谈谈你的收获

任务 4.11　正弦型函数的图像

教学目标

1. 知识目标

（1）会作出正弦型函数 $y = \sin \omega x$ 的简图，并掌握 ω 的作用.

（2）会作出正弦型函数 $y = \sin(x + \varphi)$ 的简图，并掌握 φ 的作用.

2. 能力目标

（1）让学生自己动手作图像，通过这一过程进一步培养学生由简单到复杂，由特殊到一般的化归思想和图像变换的能力.

（2）培养学生的数形结合能力.

3. 素质目标

（1）通过学习过程培养学生的探索与协作精神，提高学生的合作学习意识.

（2）让学生逐步掌握科学的学习方法，提高自我学习、研究性学习的能力.

4. 应知目标

（1）知道正弦型函数 $y = A\sin(\omega x + \varphi)$ 中 φ 的作用.

（2）会求正弦型函数 $y = A\sin(\omega x + \varphi)$ 的周期.

预习提纲

（1）ω 称为＿＿＿＿＿＿＿＿＿＿＿＿＿＿＿＿＿＿；

ω 的作用：＿＿＿＿＿＿＿＿＿＿＿＿＿＿＿＿＿；

ω 决定了函数的＿＿＿＿＿＿＿＿＿＿＿＿＿＿＿＿.

（2）系数 ω 与周期 T 的关系：＿＿＿＿＿＿＿＿＿.

（3）φ 称为＿＿＿＿＿＿＿＿＿＿＿＿＿＿＿＿＿；

φ 的作用：＿＿＿＿＿＿＿＿＿＿＿＿＿＿＿＿＿；

φ 决定了函数的＿＿＿＿＿＿＿＿＿＿＿＿＿＿＿.

 闯关学习

第一关　闯关热身

1. 自主学习

分别用实线、虚线和粗虚线三种线条，用"五点法"作出函数 $y = \sin x$，$y = 2\sin x$，

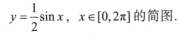

$y = \dfrac{1}{2}\sin x$，$x \in [0, 2\pi]$ 的简图.

解：（1）列表、求值：

表 4-22

x	0	$\dfrac{\pi}{2}$	π	$\dfrac{3\pi}{2}$	2π
$y = \sin x$（实线）					
$y = 2\sin x$（虚线）					
$y = \dfrac{1}{2}\sin x$（粗虚线）					

（2）描点、连线：

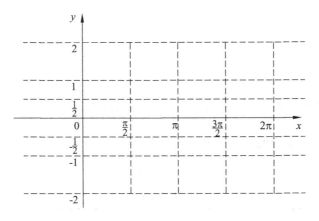

图 4-45

2. 核心知识

写出 $y = A\sin x$ 中 A 的**作用**：使正弦型函数的_____发生变化.

第二关　系数 ω 对函数 $y = \sin \omega x$ 的图像的影响

1. 自主学习

作图并填写表格：

（1）用"五点法"作出函数 $y = \sin 2x$ 在一个周期内的简图.

解： 令 $2x = u$，使 u 的值分别等于 $0, \dfrac{\pi}{2}, \pi, \dfrac{3\pi}{2}, 2\pi$，求得 x.

① 列表、求值：

表 4-23

$u = 2x$	0	$\dfrac{\pi}{2}$	π	$\dfrac{3\pi}{2}$	2π
$x = \dfrac{u}{2}$					
$y = \sin 2x = \sin u$					

② 描点、连线：

（2）用五点法作出函数 $y = \sin\dfrac{1}{2}x$ 在一个周期内的简图．

解：令 $\dfrac{1}{2}x = u$ ，使 u 的值分别等于 $0, \dfrac{\pi}{2}, \pi, \dfrac{3\pi}{2}, 2\pi$ ，求得 x.

① 列表、求值：

表 4-24

$u = \dfrac{1}{2}x$					
$x = 2u$					
$y = \sin\dfrac{1}{2}x = \sin u$					

② 描点、连线：

观察比较函数 $y = \sin x$，$y = \sin 2x$，$y = \sin \dfrac{1}{2}x$ 在一个周期内的简图（见图 4-46），然后分析讨论，填表并总结规律.

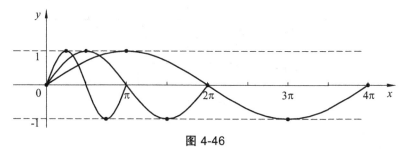

图 4-46

表 4-25

正弦型函数	$y = \sin x$	$y = \sin 2x$	$y = \sin \dfrac{1}{2}x$	$y = \sin \omega x$
周期 T				

2. 核心知识

ω（角频率）的作用：

ω 使正弦型函数的 ＿＿＿＿＿＿＿＿＿发生变化；

ω 决定了函数的＿＿＿＿＿＿＿＿＿＿＿＿＿；

系数 ω 与周期 T 的关系为 $T =$ ＿＿＿＿＿＿＿＿＿.

3. 学以致用

用"五点法"作出函数：（1）$y = \sin 3x$；（2）$y = \sin \dfrac{1}{3}x$ 在一个周期内的简图，并指出各自的周期.

（1）$y = \sin 3x$.

解：令 $3x = u$，使 u 的值分别等于 $0, \dfrac{\pi}{2}, \pi, \dfrac{3\pi}{2}, 2\pi$，求得 x.

① 列表、求值：

表 4-26

$u = 3x$					
$x = \dfrac{u}{3}$					
$y = \sin 3x = \sin u$					

② 描点、连线：

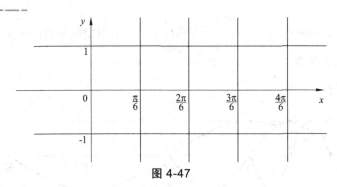

图 4-47

周期 $T = $ _____.

（2） $y = \sin\dfrac{1}{3}x$.

解：令 $\dfrac{1}{3}x = u$，使 u 的值分别等于 $0, \dfrac{\pi}{2}, \pi, \dfrac{3\pi}{2}, 2\pi$，求得 x.

① 列表、求值：

表 4-27

$u = \dfrac{1}{3}x$					
$x = 3u$					
$y = \sin\dfrac{1}{3}x = \sin u$					

② 描点、连线：

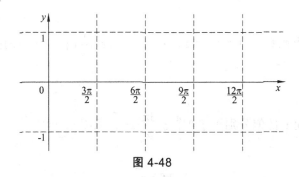

图 4-48

周期 $T = $ _____.

第三关　系数 φ 对函数 $y = \sin(x + \varphi)$ 的图像的影响

1. 自主学习

作图并总结规律：

（1）用"五点法"作出函数 $y = \sin\left(x - \dfrac{\pi}{2}\right)$ 在一个周期内的简图.

解：令 $x - \dfrac{\pi}{2} = u$，使 u 的值分别等于 $0, \dfrac{\pi}{2}, \pi, \dfrac{3\pi}{2}, 2\pi$，求得 x.

① 列表、求值：

表 4-28

$u = x - \dfrac{\pi}{2}$	0	$\dfrac{\pi}{2}$	π	$\dfrac{3\pi}{2}$	2π
$x = u + \dfrac{\pi}{2}$					
$y = \sin\left(x - \dfrac{\pi}{2}\right) = \sin u$					

② 描点、连线：

图 4-49

（2）用"五点法"作出函数 $y = \sin\left(x + \dfrac{\pi}{2}\right)$ 在一个周期内的简图.

解：令 $x + \dfrac{\pi}{2} = u$，使 u 的值分别等于 $0, \dfrac{\pi}{2}, \pi, \dfrac{3\pi}{2}, 2\pi$，求得 x.

① 列表、求值：

表 4-29

$u = x + \dfrac{\pi}{2}$	0	$\dfrac{\pi}{2}$	π	$\dfrac{3\pi}{2}$	2π
$x = u - \dfrac{\pi}{2}$					
$y = \sin\left(x + \dfrac{\pi}{2}\right) = \sin u$					

② 描点、连线：

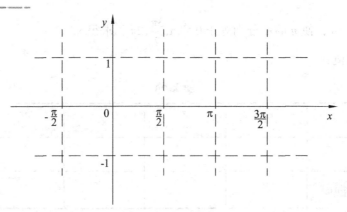

图 4-50

观察对比函数 $y = \sin x$，$y = \sin\left(x - \dfrac{\pi}{2}\right)$，$y = \sin\left(x + \dfrac{\pi}{2}\right)$ 在一个周期内的简图（见图 4-51），填空并总结规律.

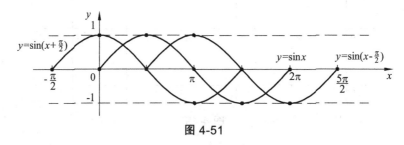

图 4-51

① $y = \sin\left(x - \dfrac{\pi}{2}\right)$ 的图像是由 $y = \sin x$ 的图像向_____（左/右）平移_____个单位构成的.

② $y = \sin\left(x + \dfrac{\pi}{2}\right)$ 的图像是由 $y = \sin x$ 的图像向_____（左/右）平移_____个单位构成的.

2. 核心知识

φ（初相）的作用：

φ 使正弦型函数的图像发生_____变化；

$y = \sin(x + \varphi)(\varphi \neq 0)$ 的图像是由 $y = \sin x$ 的图像向_____（左/右）平移_____个单位而成的.

3. 学以致用

用"五点法"作出函数 $y = \sin\left(x + \dfrac{\pi}{3}\right)$ 在一个周期内的简图.

 **应知检测**

用"五点法"作出函数 $y = \sin\left(x - \dfrac{\pi}{3}\right)$ 在一个周期内的简图.

 作业巩固

必做题：

用"五点法"作出函数 $y = \sin\dfrac{2}{3}x$ 在一个周期内的简图，并指出周期.

选做题：

用"五点法"作出函数 $y = 2\sin\left(\dfrac{1}{2}x + \dfrac{\pi}{3}\right)$ 在一个周期内的简图.

 谈谈你的收获

项目 5 向量基础

 项目描述

本项目的主要内容包括向量的相关概念、向量的运算和向量的坐标表示.

向量是沟通代数和几何的桥梁，在实际生活中有着广泛的应用. 本项目从实际生活中的模型出发，从中提炼出数学中向量的概念，再逐步研究相关的计算；最后从坐标的角度，再一次表示向量，从而完成代数与几何的沟通.

 项目整体教学目标

【知识目标】

掌握向量的概念、向量的运算法则和向量的坐标表示.

【能力目标】

通过学习向量的运算及坐标表示，培养学生的数形结合思想以及用不同策略和方法解决实际问题的能力.

【素质目标】

培养学生思维的准确性，培养学生思维的敏锐性.

任务 5.1　平面向量的概念

 教学目标

1. 知识目标

（1）了解向量的实际背景，理解平面向量的概念和向量的几何表示.

（2）掌握向量的模、零向量、单位向量、平行向量等概念.

2. 能力目标

（1）通过对向量与数量的比较，培养学生认识客观事物的数学本质的能力.

（2）让学生意识到数学与现实生活是密不可分的，它源于生活，用于生活.

3. 素质目标

（1）培养学生的自主学习能力.

（2）培养学生的观察能力.

4. 应知目标

（1）理解向量及其相关概念.

（2）能弄清平行向量、相等（反）向量、共线向量的关系.

预习提纲

（1）请根据提示画出小明去学校的行经路线：

说明：小明乘公交车上学. 小明早上去学校（点 C）时，先从家（点 A）向北步行 500 m 到车站（点 B），然后从车站乘公交车向东走 2000 m，到达学校.

（2）数量：_____.

（3）向量：_____.

（4）向量的相关概念：_____

闯关学习

第一关　数量与向量

1. 自主学习

（1）展示你绘制的行径路线.

（2）与小组同学交流，说明在绘制行径路线的过程中需要注意哪些事项？

讨论： 位移属于向量吗？

2. 核心知识

向量： 既有＿＿＿＿＿又有＿＿＿＿＿＿的量.

3. 学以致用

（1）下列物理量中，哪些是向量？

① 时间；②速度；③ 路程；④ 位移；⑤ 力；⑥ 质量；⑦ 身高.

（2）类比说明：

只有＿＿＿＿＿没有＿＿＿＿＿的量叫数量.

4. 交流合作

（1）观察小明的行径路线，用一条有向线段表示向量.

（2）讨论后作答：

线段的长度表示向量的＿＿＿＿＿；箭头所指的方向表示向量的＿＿＿＿＿.

说明：这是向量的几何表示.

（3）向量的符号表示：

① 用有向线段的字母表示：$\overrightarrow{AB}$（＿＿＿＿＿为起点，＿＿＿＿＿为终点）

② 用小写字母表示：$\vec{a}, \vec{b}, \vec{c}$（印刷时用 **a, b, c**，书写时应该加上箭头）

5. 举一反三

（1）任意举例写出向量的几何表示和符号表示：

几何表示：_____；

符号表示：_____.

（2）**归纳：**向量的两大要素：_____、_____.

第二关　0 与零向量

1. 自主学习

（1）小组讨论，向量可以比较大小吗？

（2）向量的长度可以比较大小吗？为什么？

2. 核心知识

（1）**向量的模：**向量 $\overrightarrow{AB}$ 的大小称为向量的长度（或称为向量的模），记作：$\left|\overrightarrow{AB}\right|$.

（2）**零向量：**_____.

3. 交流合作

（1）如何表示零向量？_____.

它有方向吗？_____（有/没有）.

（2）零向量与 0 的区别是什么？_____.

第三关　1 与单位向量

1. 核心知识

单位向量：模等于_____个单位长度的向量.

由于是非零向量，单位向量具有确定的方向.

2. 交流合作

（1）单位向量有方向吗？_____（有/没有）.

（2）单位向量与 1 的区别是什么？_____.

（3）零向量与单位向量都只是限制了向量的_____（大小/方向）.

3. 学以致用

找出各向量的模并指出单位向量（见图 5-1）：

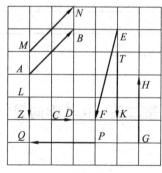

图 5-1

_____.

_____.

_____.

第三关　相等（反）向量与平行向量

1. 自主学习

（1）观察图 5-1 中的向量 $\overrightarrow{AB}$，$\overrightarrow{MN}$，这两个向量有什么特点？

（2）请归纳相等向量的定义.

（3）观察图 5-1 中的向量 $\overrightarrow{TK}$，$\overrightarrow{GH}$，这两个向量有什么特点？

（4）请归纳相反向量的定义.

2. 核心知识

（1）**相等向量**：大小_____且方向_____的向量.

（2）**相反向量**：大小_____且方向_____的向量.

3. 向量转移

（1）图 5-1 中，对于非零向量 $\overrightarrow{AB}$，$\overrightarrow{MN}$，通过平移使起点 A 与 M 重合，那么终点 B 与 N 的位置关系如何？

（2）图 5-1 中，对于非零向量 $\overrightarrow{CD}$，$\overrightarrow{PQ}$，通过平移使起点 C 与 P 重合，那么终点 D 与 Q 的位置关系如何？

（3）如果两个向量所在的直线互相平行，那么这两个向量的方向有什么关系？

归纳： 方向相同或相反的向量叫做平行向量.

4. 合作交流

将向量平移，不会改变其长度和方向. 设 a, b, c 是一组平行向量（见图 5-2），任作一条与 a 所在直线平行的直线 l，在 l 上任取一点 O，分别作 $\overrightarrow{OA} = a$，$\overrightarrow{OB} = b$，$\overrightarrow{OC} = c$，那么点 A, B, C 的位置关系如何？

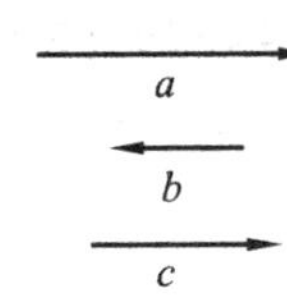

$$a \longrightarrow$$
$$b \longleftarrow$$
$$c \longrightarrow$$

图 5-2

应知检测

1. 作一个正六边形 $ABCDEF$.

2. O 点是正六边形的中心，试写出：与 $\overrightarrow{OC}$ 相等的向量.

 作业巩固

必做题：

在 $\triangle ABC$ 中，D，E，F 分别是三边 AB，BC，CA 的中点，找出与 $\overrightarrow{EF}$ 相等的向量，与 $\overrightarrow{AD}$ 共线的向量（见图 5-3）.

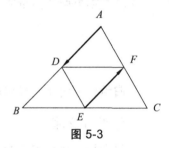

图 5-3

选作题：

在 4×5 的方格中有一个向量 $\overrightarrow{AB}$（见图 5-4），以格点为起点和终点作向量，其中与 $\overrightarrow{AB}$ 相等的向量有几个？与 $\overrightarrow{AB}$ 长度相等的共线向量有几个？

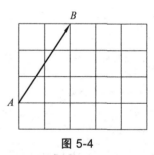

图 5-4

 谈谈你的收获

任务 5.2 平面向量的加法运算

 教学目标

1. 知识目标

（1）掌握向量加法运算的意义，并能运用三角形法则和平行四边形法则作几个向量的和向量.

（2）能表述向量加法运算的交换律和结合律，并运用它们进行向量计算.

2. 能力目标

（1）使学生经历向量加法法则的探究和应用过程，进而体会数形结合、分类讨论等的数学能力和思想方法.

（2）进一步培养学生的归纳、类比和迁移能力，增强学生的数学应用意识和创新意识.

3. 素质目标

（1）培养学生的自主学习能力.

（2）培养学生的数形结合能力.

4. 应知目标

（1）会用平行四边形法则求和向量.

（2）会用三角形法则求和向量.

 预习提纲

（1）1+1 在什么情况下不等于 2?

_____.

（2）两个小孩分别用 1 牛顿的力提起水桶，则水桶的重量是 2 牛顿吗?

_____.

 闯关学习

第一关　平行四边形法则

1．自主学习

（1）请将 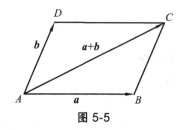 绘制成相关图形以说明力的合成．

（2）力的合成体现了向量与向量的_____（首首/首尾/尾首/尾尾）相接．

（3）力的合成等同于向量的加法，请说明向量的加法可以按照平行四边形法则进行计算．你能尝试总结平行四边形法则的步骤吗？

_____

_____．

2．核心知识

（1）**向量的加法**：求两个向量和的运算．

（2）**向量加法的平行四边形法则**：

已知两个非零向量 a, b，作 $\overrightarrow{AB} = a$，$\overrightarrow{AD} = b$，以 AB, AD 为邻边作 $\square ABCD$，则向量 $\overrightarrow{AC}$ 就是向量 a 与 b 的和（见图 5-5）．即 $\overrightarrow{AB} + \overrightarrow{AD} = \overrightarrow{AC}$．

图 5-5

（3）**特点**：① 将向量平移到同一起点．

② 和向量即以它们作为邻边的平行四边形的共起点的对角线．

3．学以致用

已知两个非零向量 a 和 b，利用平行四边形法则求作向量 $a + b$．

（1）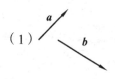

（2）

（3）

（4）

4. 能力提升

两人一组，任意给定方向和模长作出两向量，再交由对方利用平行四边形法则作出两向量的和.

讨论：平行四边形法则有局限性吗？

第二关　三角形法则

1. 自主学习

请观察：

（1）动点从点 A 位移到点 B，再从点 B 位移到点 C.

（2）动点从点 A 位移到点 C.

结论：_____.

图形表示：

数学符号表示：

思考：你能尝试总结三角形法则的步骤吗？

_____

_____.

2. 核心知识

（1）向量加法的三角形法则：

已知两个非零向量 a，b，令 $\overrightarrow{AB} = a$，$\overrightarrow{BC} = b$，作向量 $\overrightarrow{AC}$，则向量 $\overrightarrow{AC}$ 就是向量 a 与 b 的和（见图 5-6）. 即：$\overrightarrow{AB} + \overrightarrow{BC} = \overrightarrow{AC}$.

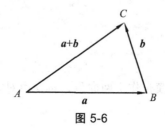

图 5-6

（2）特点：① 将向量平移使得它们首尾相接.

② 和向量即第一个向量的首指向第二个向量的尾（首尾相接首尾连）.

3. 学以致用

已知两个非零向量 a 和 b，利用三角形法则求作向量 $a + b$.

（1）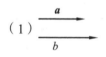 （2）

（3）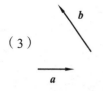 （4）

（5） （6）

第三关　向量加法的运算律

1. 自主学习

（1）已知两个非零向量 a 和 b（见图 5-7），求作向量 $a+b$，$b+a$.

图 5-7

思考：你能发现什么特点？

（2）已知向量 a, b, c（见图 5-8），求作向量 $a+(b+c)$，$(a+b)+c$.

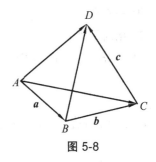

图 5-8

思考：你能发现什么特点？

2. 核心知识

（1）**交换律**：$a+b=$ _____.

（2）**结合律**：$a+(b+c)=$ _____.

3. 学以致用

（1）$\overrightarrow{AB}+\overrightarrow{CD}+\overrightarrow{BC}$.

（2）$(\overrightarrow{NP}+\overrightarrow{BN})+(\overrightarrow{AC}+\overrightarrow{CB})$.

应知检测

1. 画出已知向量的和，并写出对应的加法式子（见图 5-9，图 5-10）.

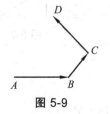

图 5-9

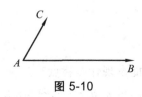

图 5-10

加法式子：_____   加法式子：_____

2. 化简下列各式：

（1）$\overrightarrow{AB}+\overrightarrow{BC}+\overrightarrow{CD}+\overrightarrow{DE}$ ；

（2）$\overrightarrow{AB}+(\overrightarrow{BD}+\overrightarrow{CA})+\overrightarrow{DC}$.

作业巩固

必做题：

1. 已知向量 a 和 b（见图 5-11），分别用平行四边形法则和三角形法则求作向量 $a+b$.

图 5-11

2. 计算下列各式：

（1）$\overrightarrow{OB}+\overrightarrow{BC}=$ _____.

（2）$\overrightarrow{BP}+\overrightarrow{PC}=$ _____.

（3）$\overrightarrow{MC}+\overrightarrow{BM}=$ _____.

（4）$\overrightarrow{OB}+\overrightarrow{BC}+\overrightarrow{CQ}+\overrightarrow{QM}+\overrightarrow{MO}=$ _____.

选作题：

任意作一个正六边形 $ABCDEF$，使其中心为 O，求 $\overrightarrow{OA}+\overrightarrow{OC}$ ，$\overrightarrow{BC}+\overrightarrow{FE}$.

谈谈你的收获

_____

_____

任务 5.3　平面向量的减法运算

教学目标

1. 知识目标

（1）掌握向量减法运算的意义，会作出两个向量的减向量，并理解其几何意义.

（2）通过阐述向量的减法运算可以转化成向量的加法运算，使学生理解事物之间可以相互转化的辩证思想.

2. 能力目标

（1）让学生体会数形结合思想.

（2）培养学生的归纳、类比和迁移的能力.

3. 素质目标

（1）培养学生的自主学习能力.

（2）培养学生的数形结合能力.

4. 应知目标

（1）会进行和向量与差向量间的转化.

（2）会用作图法进行向量的减法运算.

预习提纲

（1）进行实数运算时有加法运算，有减法运算吗？_____.

（2）减法运算的定义是什么？ _____.

（3）什么是相反向量？ _____.

（4）与数的减法运算相类似，你能描述减向量的定义吗？

_____.

 闯关学习

第一关　差向量

1. 自主学习

（1）若 $a = \overrightarrow{OA}$，$b = \overrightarrow{OB}$，请根据减向量的定义，写出 $a - b$ 的表达式：

_____

（2）分析表达式，尝试总结减向量的运算法则.

_____

（3）已知非零向量 b, c（见图 5-12），求作向量 a，使 $a = b + c$（请用三角形法则）.

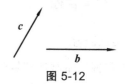

图 5-12

（4）由于 $a = b + c$，那么 $a - b = c$ 成立吗？

观察完成后的图形，验证你总结的减向量的运算法则.

2. 核心知识

（1）**向量的减法**：求两个向量差的运算，即减去一个向量等于加上这个向量的相反向量.

（2）**向量减法的三角形法则**：

已知两个非零向量 a, b，令 $\overrightarrow{OA} = a$，$\overrightarrow{OB} = b$，作向量 $\overrightarrow{BA}$，则向量 $\overrightarrow{BA}$ 就是 a 与 b 的差（见图 5-13）. 即：$\overrightarrow{OA} - \overrightarrow{OB} = \overrightarrow{BA}$.

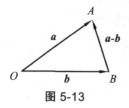

图 5-13

（3）**特点：**① 将向量平移到同一起点.

② 连接两向量终点.

③ 箭头方向指向"被减向量".

3. 学以致用

已知非零向量 a 和 b，利用三角形法则求作向量 $a - b$.

4. 能力提升

已知非零向量 a, b, c, d（见图 5-14），求作向量 $a - b$，$c - d$.

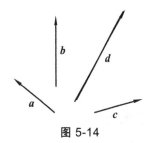

图 5-14

第二关　向量的加、减混合运算

1. 自主学习

（1）基础计算：

$\overrightarrow{SR} + \overrightarrow{RQ} = $ _____；　$\overrightarrow{AP} + \overrightarrow{MA} = $ _____；　$\overrightarrow{AO} + \overrightarrow{BC} + \overrightarrow{OM} + \overrightarrow{MB} = $ _____．

（2）基础计算：

$\overrightarrow{AB} - \overrightarrow{AD} = $ _____；　$\overrightarrow{BA} - \overrightarrow{BC} = $ _____；　$\overrightarrow{OD} - \overrightarrow{OA} = $ _____．

（3）深入计算：

$\overrightarrow{AB} - \overrightarrow{AD} - \overrightarrow{DC} = $ _____；　$\overrightarrow{AB} - \overrightarrow{AC} + \overrightarrow{BD} - \overrightarrow{CD} = $ _____；

$\overrightarrow{OA} + \overrightarrow{OC} + \overrightarrow{BO} + \overrightarrow{CO} = $ _____．

2. 核心知识

（1）**和向量：** $\begin{cases} 平行四边形法则 \Rightarrow 共起点 \\ 三角形法则 \Rightarrow 首尾相接 \end{cases}$

（2）**差向量：** 三角形法则 $\Rightarrow$ 共起点

3. 学以致用

在平行四边形 $ABCD$ 中，设 $\overrightarrow{AB} = a$，$\overrightarrow{AD} = b$（见图 5-15），试用 a, b 表示 $\overrightarrow{AC}$，$\overrightarrow{BD}$，$\overrightarrow{DB}$．

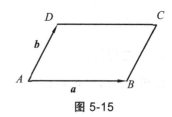

图 5-15

4. 交流合作

O 是四边形 $ABCD$ 内任意一点（见图 5-16），试根据图中给出的向量，确定 a，b，c，d 的方向（用箭头表示），使 $a + b = \overrightarrow{AB}$，$c - d = \overrightarrow{DC}$，并画出 $b - c$ 和 $a + d$．

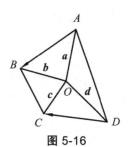

图 5-16

5. 举一反三

已知非零向量 a, b, c（见图 5-17），求作向量 $a - b + c$，$a - b - c$.

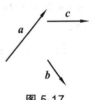

图 5-17

 应知检测

1. 根据提示写出对应的减法式子，并画出已知向量的差向量.

　　　　　　　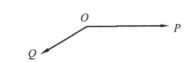

减法式子：$\overrightarrow{AB} - \overrightarrow{AC} = $ _____.　　　　减法式子：$\overrightarrow{OQ} - \overrightarrow{OP} = $ _____.

2. 化简下列各式：

（1）$\overrightarrow{AC} - \overrightarrow{BF} + \overrightarrow{CF}$.

（2）$\overrightarrow{OA} - \overrightarrow{OD} + \overrightarrow{AD}$.

 作业巩固

必做题：

1. 已知非零向量 a 和 b（见图 5-20），用三角形法则求作向量 $a - b$.

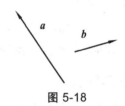

图 5-18

2. 计算下列各式：

（1）$\overrightarrow{MD} - \overrightarrow{MA} = $ _____.

（2）$\overrightarrow{CD} - \overrightarrow{CE} = $ _____.

（3）$\overrightarrow{AB} - \overrightarrow{AC} + \overrightarrow{BD} - \overrightarrow{CD} = $ _____.

（4）$\overrightarrow{NQ} + \overrightarrow{QP} + \overrightarrow{MN} - \overrightarrow{MP} = $ _____.

选作题：

化简：$\overrightarrow{AB} - (\overrightarrow{DB} - \overrightarrow{DC} - \overrightarrow{CD})$.

谈谈你的收获

_____

_____

任务 5.4　平面向量的数乘运算

教学目标

1. 知识目标

（1）理解实数与向量积的定义.

（2）掌握实数与向量积的运算律.

2. 能力目标

（1）通过探究，让学生体会类比和迁移的思想方法，渗透研究新问题的思想和方法（从特殊到一般、分类讨论、转化化归、观察、猜想、归纳、类比、总结等）.

（2）培养学生的创新能力和积极进取精神.

3. 素质目标

（1）培养学生的自主学习能力.

（2）培养学生的类比推理能力.

4. 应知目标

（1）会进行向量的数乘运算.

（2）会做出任意一个向量.

📖 **预习提纲**

（1）实数的运算有哪几种？_____.

（2）向量的数乘：_____.

（3）向量的数乘运算：_____.

（4）向量的线性运算有哪几种？_____.

📖 **闯关学习**

第一关　向量的数乘

1. 自主学习

已知非零向量（见图 5-19）

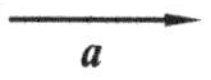

$$\overrightarrow{\quad\quad} \; a$$

图 5-19

（1）请你尝试作出 $a + a + a$.

讨论：向量相加后，和的长度和方向有什么变化？

（2）请你尝试作出 $(-a) + (-a) + (-a)$.

讨论：向量相加后，和的长度和方向有什么变化？

2. 核心知识

（1）**向量的数乘定义**：实数 λ 与向量 a 的积仍是一个向量，记作：λa.

（2）**向量数乘的长度**：$|\lambda a| = |\lambda||a|$.

（3）**向量数乘的方向**：$\lambda > 0$，λa 与 a 方向相同；$\lambda < 0$，λa 与 a 方向相反.

3. 学以致用

任作向量 a，

（1）作图表示向量 $2a$， $-4a$；

（2）请作出向量 $\dfrac{1}{3}a$， $-\dfrac{1}{2}a$.

4. 能力提升

向量 a 表示向东走 2 km，向量 b 表示向南走 3 km，向量 c 表示向西走 2 km.

（1）作图表示向量 $2a$， $-2b$；

（2）请作出向量 $2a + b$, $a + 2c$.

第二关　数乘的结合律

1. 自主学习

已知非零向量 a（见图 5-19），

（1）请你尝试作出 $6a$；

（2）请你尝试作出 $3(2a)$.

讨论： 你能发现什么规律吗？

2. 核心知识

向量数乘的结合律：

设 $\lambda, \mu \in \mathbf{R}$ ，则有： $\lambda(\mu a) =$ ＿＿＿＿＿＿＿＿＿.

3. 学以致用

计算下列各式：

（1） $(-2) \times \dfrac{1}{2}a$ ；　　　　　　（2） $5 \times (-3a)$ ；　　　　　（3） $5a \times 7$.

第三关　数乘的第一分配律

1. 自主学习

已知非零向量 a（见图 5-19），

（1）请你尝试作出 $(2+3)a$；

（2）请你尝试作出 $2a+3a$.

讨论：你能发现什么规律吗？

2. 核心知识

向量数乘的第一分配律：

设 $\lambda, \mu \in \mathbf{R}$ ，则有：$(\lambda + \mu)a = \underline{\hspace{4cm}}$.

第四关　数乘的第二分配律

1. 自主学习

已知非零向量 a, b（见图 5-20），

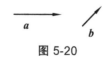

图 5-20

（1）请你尝试作出 $2(a+b)$；

（2）请你尝试作出 $2a+2b$.

讨论：你能发现什么规律吗？

2. 核心知识

向量数乘的第二分配律：

设 $\lambda \in \mathbf{R}$ ，则有： $\lambda(\boldsymbol{a}+\boldsymbol{b}) = $ ＿＿＿＿＿＿＿＿＿＿ .

3. 学以致用

计算下列各式：

（1） $5(\boldsymbol{a}+\boldsymbol{b})$ ；

（2） $-3(\boldsymbol{a}+\boldsymbol{b})$ ；

（3） $\dfrac{1}{3}(\boldsymbol{a}-\boldsymbol{b})$.

4. 能力提升

计算下列各式：

（1） $2(\boldsymbol{a}-\boldsymbol{b})+3(\boldsymbol{a}+\boldsymbol{b})$ ；

（2） $4(\boldsymbol{a}+\boldsymbol{b})-3(\boldsymbol{a}-\boldsymbol{b})-8\boldsymbol{a}$ ；

（3） $(5\boldsymbol{a}-4\boldsymbol{b}+\boldsymbol{c})-2(3\boldsymbol{a}-2\boldsymbol{b}+\boldsymbol{c})$.

5. 综合应用

设点 P ， Q 是线段 $\boldsymbol{ab}$ 的三等分点，若 $\overrightarrow{OA}=\boldsymbol{a}$ ， $\overrightarrow{OB}=\boldsymbol{b}$ ，试用 $\boldsymbol{a}$ ， $\boldsymbol{b}$ 表示向量 $\overrightarrow{OP}$ ， $\overrightarrow{OQ}$ （见图 5-21）

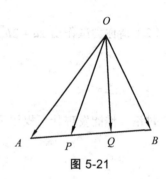

图 5-21

应知检测

1. 计算下列各式：

（1）$a + b + 2a + 8b - 3(a - b)$;　　　　　　（2）$2(a + b) + a - 12b$.

2. 化简下列式子：

$\dfrac{1}{3}\left[\dfrac{1}{2}(2a + 8b) - (4a - 2b)\right]$.

 作业巩固

必做题：

已知非零向量 a, b（见图 5-22），求作向量 $a - 3b$.

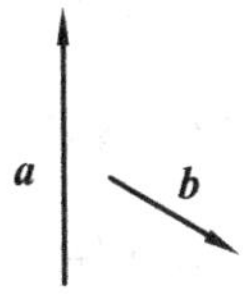

图 5-22

选作题：

已知非零向量 a, b，且满足 $3(x + a) + 2(x - 2a) - 4(x - a + b) = 0$，求向量 x.

 谈谈你的收获

任务 5.5　平面向量的数量积

教学目标

1. 知识目标

（1）掌握平面向量的数量积的定义及重要性质.

（2）掌握计算两个向量的数量积的公式.

2. 能力目标

（1）通过自主探究、交流与学习、师生互动，培养学生用数学的意识，体会数学与其他学科及生活实践的联系.

（2）培养学生探求新知以及合作交流的学习品质.

3. 素质目标

（1）培养学生的自主学习能力.

（2）培养学生的计算能力.

4. 应知目标

（1）会计算两个向量的数量积.

（2）会求向量的模和夹角.

预习提纲

（1）前面学习了向量的哪三种运算？ _____.

（2）向量与向量是否可以"相乘"？ _____（是/否）.

（3）一物体在力 F 的作用下产生位移 S，那么力 F 所做的功是多少？（其中 θ 是 F 与 S 的夹角）

_____.

（4）向量的数量积： _____.

（5）向量的模： _____.

闯关学习

第一关　两个非零向量的夹角

1. 自主学习

已知非零向量 a 和 b，求作 a 与 b 的夹角，并尝试用"θ"表示出来.

（1）　　　　　　　　　　　　　（2）

（3）　　　　　　　　　　　　　（4）

讨论：夹角 θ 的范围？

2. 核心知识

两个非零向量的夹角：

已知两个非零向量 a 和 b，作 $\overrightarrow{OA}=a$，$\overrightarrow{OB}=b$，则 $\angle AOB=\theta$（其中 $0°\leqslant\theta\leqslant 180°$）.

第二关　向量数量积的定义

1. 自主学习

（1）力 F 和位移 S 分别是什么量？功 W 呢？

（2）你能用文字语言表述"功的计算公式"吗？

_____

2. 核心知识

向量的数量积：

已知两个非零向量 a 与 b，把数量 $|a||b|\cos\theta$ 叫做向量 a 与 b 的数量积（内积）. 记作：$a \cdot b$.

3. 学以致用

（1）已知 $|a|=5$，$|b|=4$，向量 a 与 b 的夹角 $\theta=60°$，求 $a \cdot b$.

（2）已知 $|a|=12$，$|b|=2$，向量 a 与 b 的夹角 $\theta=30°$，求 $a \cdot b$.

（3）已知 $|a|=25$，$|b|=4$，向量 a 与 b 的夹角 $\theta=45°$，求 $a \cdot b$.

4. 交流合作

若 $|\overrightarrow{OB}|=8$，$|\overrightarrow{OA}|=6$，当 θ 分别为 $0°$、$60°$、$90°$、$150°$、$180°$ 时，求 $\overrightarrow{OA} \cdot \overrightarrow{OB}$.

讨论： 平面向量数量积的符号特点.

第三关　向量数量积的性质

1. 自主学习

已知 $|a|=3$，$|b|=2$，

（1）若两个向量的夹角 $\theta=0°$，求 $a \cdot b$.

图 5-23

观察运算结果，尝试总结规律.

（2）若两个向量的夹角 $\theta = 180°$，求 $\boldsymbol{a} \cdot \boldsymbol{b}$.

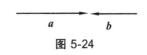

图 5-24

观察运算结果，尝试总结规律.

（3）若两个向量的夹角 $\theta = 90°$，求 $\boldsymbol{a} \cdot \boldsymbol{b}$.

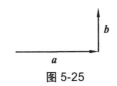

图 5-25

观察运算结果，尝试总结规律.

（4）若求 $\boldsymbol{a} \cdot \boldsymbol{a}$ 呢?

观察运算结果，尝试总结规律.

2. 核心知识

向量数量积的性质：

设 $\boldsymbol{a}$ 与 $\boldsymbol{b}$ 是两个非零向量，

（1）$\boldsymbol{a} \perp \boldsymbol{b} \Leftrightarrow \boldsymbol{a} \cdot \boldsymbol{b} = 0$.

（2）$\boldsymbol{a} /\!/ \boldsymbol{b} \begin{cases} \boldsymbol{a} \text{与} \boldsymbol{b} \text{同向时，} \boldsymbol{a} \cdot \boldsymbol{b} = |\boldsymbol{a}||\boldsymbol{b}|, \\ \boldsymbol{a} \text{与} \boldsymbol{b} \text{反向时，} \boldsymbol{a} \cdot \boldsymbol{b} = -|\boldsymbol{a}||\boldsymbol{b}|. \end{cases}$

（3）$\boldsymbol{a} \cdot \boldsymbol{a} = |\boldsymbol{a}|^2$.

3. 学以致用

已知 $|a| = 3$ ，$|b| = 4$ ，按下列要求计算 $a \cdot b$.

（1） $a \perp b$ ；　　　　　（2） $a /\!/ b$ ；　　　　　（3） a 与 b 的夹角为 120°.

 应知检测

1. 已知两个非零向量 a 与 b ，$|a| = 7$ ，$|b| = 9$ ，求 $a \cdot b$.

（1） a 与 b 方向相同时， $a \cdot b =$ ＿＿＿＿＿＿ ；

（2） a 与 b 方向相反时， $a \cdot b =$ ＿＿＿＿＿＿ .

2. 已知 $|a| = 5$ ，求 $a \cdot a$.

 作业巩固

必做题：

1. 已知 $|a| = 10$ ，$|b| = 5$ ，向量 a 与 b 的夹角 $\theta = 60°$ ，求 $a \cdot b$.

2. 向量 a 与 b 的夹角 $\theta = 120°$ ，$|a| = 10$ ，$a \cdot b = -40$ ，求 $|b|$.

选作题：

已知 $|a| = 12$ ，$|b| = 9$ ，$a \cdot b = -54\sqrt{2}$ ，求向量 a 与 b 的夹角 θ .

 谈谈你的收获

＿＿＿＿＿＿＿＿＿＿＿＿＿＿＿＿＿＿＿＿＿＿＿＿＿＿＿＿＿＿＿＿＿＿

＿＿＿＿＿＿＿＿＿＿＿＿＿＿＿＿＿＿＿＿＿＿＿＿＿＿＿＿＿＿＿＿＿＿

任务 5.6　平面向量数量积的运算律

教学目标

1. 知识目标

（1）掌握平面向量数量积的运算律.

（2）能利用数量积的性质和运算律解决相关问题.

2. 能力目标

（1）通过自我探究、生生合作、师生合作，让学生充分参与数学的学习过程，推理验证平面向量数量积的运算律.

（2）培养学生应用平面向量数量积解决问题的能力.

3. 素质目标

（1）培养学生的自主学习能力.

（2）培养学生的推理运算能力.

4. 应知目标

（1）知道平面向量数量积的运算律.

（2）会利用平面向量数量积的运算律进行计算.

预习提纲

（1）实数运算时涉及哪几个运算律？ _____.

（2）平面向量加法运算时涉及的运算律：_____.

（3）平面向量数量积运算时涉及的运算律：_____.

闯关学习

第一关　平面向量数量积的运算律 1

1. 自主学习

已知正 $\triangle ABC$ 的边长为 2，设 $\overrightarrow{BC} = \boldsymbol{a}$ ，$\overrightarrow{CA} = \boldsymbol{b}$ ，$\overrightarrow{AB} = \boldsymbol{c}$ ，求（1）$\boldsymbol{a} \cdot \boldsymbol{b}$ ；（2）$\boldsymbol{b} \cdot \boldsymbol{a}$.

讨论：你能发现什么规律吗？

2. 核心知识

平面向量数量积的运算律：

交换律： $a \cdot b =$ ＿＿＿＿＿＿＿＿＿＿

3. 学以致用

已知 $|a| = 2$ ， $|b| = 4$ ，向量 a 与 b 的夹角 $\theta = 135°$ ，求 $a \cdot b$ 及 $b \cdot a$.

第二关　平面向量数量积的运算律 2

1. 自主学习

已知正 $\triangle ABC$ 的边长为 2 ，设 $\overrightarrow{BC} = a$ ， $\overrightarrow{CA} = b$ ， $\overrightarrow{AB} = c$ ，求：（1） $3(a \cdot b)$ ；（2） $(3a) \cdot b$ ；（3） $a \cdot (3b)$.

讨论：你能发现什么规律吗？

2. 核心知识

平面向量数量积的运算律：

数乘结合律： $\lambda(a \cdot b) = (\lambda a) \cdot b = a \cdot (\lambda b)$.

3. 学以致用

已知 $|a| = 2$ ， $|b| = 4$ ，向量 a 与 b 的夹角 $\theta = 60°$ ，求：（1） $-2(a \cdot b)$ ；（2） $(-2a) \cdot b$ ；（3） $a \cdot (-2b)$.

第三关　平面向量数量积的运算律 3

1. 自主学习

已知正 $\triangle ABC$ 的边长为 2，设 $\overrightarrow{BC}=a$，$\overrightarrow{CA}=b$，$\overrightarrow{AB}=c$，求：（1）$a\cdot b+a\cdot c$；（2）$a\cdot(b+c)$．

讨论： 你能发现什么规律吗？

2. 核心知识

平面向量数量积的运算律：

分配律： $(a+b)\cdot c=a\cdot c+b\cdot c$．

3. 学以致用

已知 $|a|=4$，$|b|=6$，向量 a 与 b 的夹角 $\theta=60°$，求：（1）$a\cdot(a+b)$；（2）$(2a-b)\cdot(a+3b)$．

4. 交流合作

已知 $|a|=4$，$|b|=3$，向量 a 与 b 的夹角 $\theta=60°$，求：$|a+b|$．

5. 举一反三

已知 $|a|=4$，$|b|=5$，$|a+b|=\sqrt{21}$，求向量 a 与 b 的夹角．

📝 应知检测

1. 已知向量 a 与 b 的夹角是 $120°$，且 $|a|=2$，$|b|=5$，求 $(2a-b)\cdot a$．

2. 若向量 a 与 b 满足 $|a|=1$，$|b|=\sqrt{2}$，且 $a\perp(a+b)$，求向量 a 与 b 的夹角．

 **作业巩固**

必做题：

1. 已知 $|a|=3$ ，$|b|=4$ ，向量 $a+\dfrac{3}{4}b$ 与 $a-\dfrac{3}{4}b$ 的位置关系为（　　　　）.

    A. 平行　　　　　　　　　　B. 垂直

    C. 夹角为 $\dfrac{\pi}{3}$ 　　　　　　　　D. 既不平行也不垂直

2. 已知 $|a|=7$ ，$|b|=2$ ，向量 a 与 b 的夹角 $\theta=60°$ ，求：$(a-3b)(a+5b)$.

选作题：

设向量 a 与 b 满足：$|a+b|=\sqrt{10}$ ，$|a-b|=\sqrt{6}$ ，求 $a\cdot b$.

 谈谈你的收获

_____

_____

任务 5.7　平面向量的坐标及其运算

 教学目标

1. 知识目标

（1）理解平面向量的坐标概念.

（2）掌握平面向量的坐标运算.

2. 能力目标

（1）通过对坐标平面内点和向量的类比，培养学生的类比推理能力.

（2）通过平面向量坐标运算法则的推导培养学生的归纳、猜想、演绎能力.

3. 素质目标

（1）培养学生的自主学习能力.

（2）培养学生由代数方法处理几何问题的能力.

4. 应知目标

（1）会用坐标的形式表示任一向量.

（2）会进行向量的坐标法运算.

 预习提纲

（1）华罗庚说过：数无形，少直观；形无数，难入微. 你知道它是谁吗？

这句话说明了什么问题？

_____

_____.

（2）单位向量：

_____.

（3）平面向量加法的平行四边形法则：

_____.

（4）平面向量的坐标法：

_____.

闯关学习

第一关　平面向量的坐标表示

1. 自主学习

在平面直角坐标系内，分别取与 x 轴、y 轴方向相同的单位向量 i，j，$\overrightarrow{OA}$ 为从原点出发的向量，点 A 的坐标为 $(2,3)$（见图 5-26）.

（1）$\overrightarrow{OM} =$ _____；

（2）$\overrightarrow{ON} =$ _____；

（3）$\overrightarrow{OA} =$ _____.

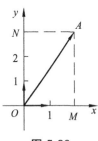

图 5-26

2. 核心知识

若 $a = xi + yj$，则 $a = (x,y)$ 叫做向量的坐标表示.

3. 学以致用

写出向量 $\overrightarrow{OB}$ 的坐标形式（见图 5-27）：

$\overrightarrow{OB} =$ _____.

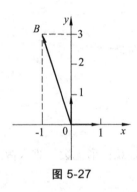

图 5-27

思考：观察以上两图，结合求出的坐标表示，你能发现什么？

第二关　两个向量的坐标和

1. 自主学习

（1）请用坐标表示坐标纸上的 a, b（见图 5-28），并求 $a + b$.

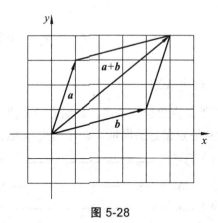

图 5-28

（2）请用坐标表示坐标纸上的 a, b（见图 5-29），并求 $a + b$.

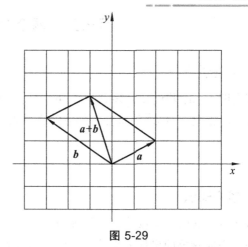

图 5-29

思考： 你能发现什么特点吗？

2. 核心知识

若 $a = (x_1, y_1)$，$b = (x_2, y_2)$，则 $a + b = $ _____.
即两个向量和的坐标 分别等于这两个向量相应坐标的和.

3. 学以致用

（1）已知 $a = (2, 1)$，$b = (-3, 4)$，求 $a + b$.

（2）已知 $a = (6, 2)$，$b = (5, -4)$，求 $a + b$.

4. 交流合作

已知 $a = (-2, 3)$，$b = (1, 2)$，
（1）在坐标平面内作出向量 a, b；
（2）求 $a + b$.

第三关　两个向量的坐标差

1. 自主学习

观察图 5-30，若设 a 的终点为 A，b 的终点为 B，则 $a-b=\overrightarrow{BA}$，问点 A、点 B 与向量 $\overrightarrow{BA}$ 的坐标之间有什么关系？

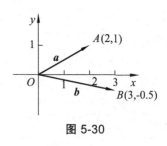

图 5-30

2. 核心知识

若 $a=(x_1,y_1)$，$b=(x_2,y_2)$，则 $a-b=$ _____.

即两个向量差的坐标分别等于这两个向量相应坐标的差.

3. 学以致用

（1）已知 $a=(3,0)$，$b=(6,-7)$，求 $a-b$.

（2）已知 $a=(-4,1)$，$b=(2,2)$，求 $a-b$.

4. 交流合作

已知 $a=(1,4)$，$b=(2,3)$，

（1）在坐标平面内作出向量 a,b；

（2）求 $a-b$.

第四关　实数与向量的积的坐标

1. 自主学习

（1）在图 5-31 中，作出 $2a$，并求 $2a$ 的坐标.

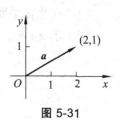

图 5-31

（2）你能发现什么？

2. 核心知识

若 $a = (x_1, y_1)$，则 $\lambda a = $ _____.

即实数与向量的积的坐标等于用这个实数乘原来向量的相应坐标.

3. 学以致用

（1）已知 $a = (3, -5)$，求 $4a$.

（2）已知 $b = (-1, -3)$，求 $-3b$.

4. 交流合作

已知 $a = (3, 1)$，$b = (-1, 0)$，求：（1）$a + b$；（2）$a - b$；（3）$3a + b$.

应知检测

---

1. 已知 $a = (-2, 1)$，$b = (3, 2)$，求 $a + b$，$a - b$.

2. 已知 $a = (1, 2)$，$b = (2, 3)$，求 $2a + b$.

作业巩固

必做题:

1. 已知 $a = (1, 3)$, $b = (3, 2)$,

（1）在坐标平面内作出向量 a, b;

（2）求 $a + b$, $a - b$, $a + 2b$, 并作图.

2. 已知 A, B 两点的坐标, 求 $\overrightarrow{AB}$ 的坐标.

（1）$A(3, 5), B(6, 9)$;　　（2）$A(-3, 4), B(6, 3)$;　　（3）$A(0, 3), B(0, 5)$.

选作题:

已知 $A(2, 1), B(5, 7), C(4, 3)$, 求 $\overrightarrow{AB} + 2\overrightarrow{BC} - 3\overrightarrow{AC}$ 的坐标.

 谈谈你的收获

任务 5.8　平面向量数量积的坐标表示

 教学目标

1. 知识目标

（1）掌握平面向量数量积的坐标表达式, 会进行平面向量数量积的运算.

（2）掌握平面向量的模的坐标公式及夹角的坐标公式.

2. 能力目标

（1）注重培养学生的动手能力和探索能力.

（2）通过平面向量数量积的数与形两种表示的相互转化，让学生进一步体会数形结合思想.

3. 素质目标

（1）培养学生的自主学习能力.

（2）培养学生的数形转化能力.

4. 应知目标

（1）会给出平面向量数量积的坐标表示.

（2）会进行模及夹角的坐标运算.

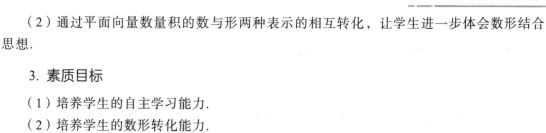

预习提纲

（1）平面向量的表示方法有几种？_____.

（2）平面向量数量积的坐标公式：_____.

（3）平面向量模的坐标公式：_____.

（4）两个向量夹角的坐标公式：_____.

闯关学习

第一关　平面向量数量积的坐标表示

1. 自主学习

（1）分别取与 x 轴、y 轴方向相同的单位向量 $\boldsymbol{i}$，$\boldsymbol{j}$，则

$\boldsymbol{i} \cdot \boldsymbol{i} = $ _____.　　　　$\boldsymbol{i} \cdot \boldsymbol{j} = $ _____.　　　　$\boldsymbol{j} \cdot \boldsymbol{i} = $ _____.　　　　$\boldsymbol{j} \cdot \boldsymbol{j} = $ _____.

（2）已知两个非零向量 $\boldsymbol{a} = (x_1, y_1)$，$\boldsymbol{b} = (x_2, y_2)$，你能推导出 $\boldsymbol{a} \cdot \boldsymbol{b}$ 吗？

讨论：你能用语言描述一下这个结论吗？

2. 核心知识

平面向量数量积的坐标表示：

若已知两个非零向量 $\boldsymbol{a} = (x_1, y_1)$，$\boldsymbol{b} = (x_2, y_2)$，则 $\boldsymbol{a} \cdot \boldsymbol{b} = x_1 x_2 + y_1 y_2$.

即两个向量的数量积等于它们对应坐标的乘积的和.

3. 学以致用

（1）已知 $a = (2, 1)$，$b = (-3, 4)$，求 $a \cdot b$.

（2）已知 $a = (5, -7)$，$b = (-6, -4)$，求 $a \cdot b$.

4. 能力提升

已知 $a = (3, -1)$，$b = (1, -2)$，求 $a \cdot b$ 及 $(a+b)(a-b)$.

5. 举一反三

已知 $a = (2, -3)$，$b = (x, 2x)$，且 $a \cdot b = \dfrac{4}{3}$，求 x 的值.

第二关　平面向量模的坐标表示

1. 自主学习

（1）若 $a = (x, y)$，则 $a \cdot a = $ _____，$|a| = $ _____.

（2）若 $A = (x_1, y_1)$，$B = (x_2, y_2)$，则 $\overrightarrow{AB} = $ _____，$|\overrightarrow{AB}| = $ _____.

2. 核心知识

平面向量模的坐标表示：

（1）若 $a = (x, y)$，则 $|a| = \sqrt{x^2 + y^2}$.

（2）若 $A = (x_1, y_1)$，$B = (x_2, y_2)$，则 $|\overrightarrow{AB}| = \sqrt{(x_2 - x_1)^2 + (y_2 - y_1)^2}$.

即向量的长度等于它的坐标平方和的算数平方根.

3. 学以致用

（1）已知 $a = (5, 1)$，求 $|a|$.

（2）已知 $a = (4, 1)$，$b = (3, -2)$，求 $|a+b|$，$|a-b|$.

4. 交流合作

已知 $\overrightarrow{OM} = (3, -2)$，$\overrightarrow{ON} = (-5, -1)$，求 $\dfrac{1}{2}\overrightarrow{MN}$.

第三关 两向量夹角的坐标表示

1. 自主学习

已知 $a = (-3, 4)$，$b = (5, 2)$，求 $a \cdot b$ 及 a 与 b 的夹角的余弦值.

讨论：尝试归纳两向量夹角的坐标公式.

2. 核心知识

两向量夹角的坐标表示：

$$\cos\theta = \frac{x_1 x_2 + y_1 y_2}{\sqrt{x_1^2 + y_1^2} \cdot \sqrt{x_2^2 + y_2^2}}.$$

3. 学以致用

（1）已知 $a = (-3, 4)$，$b = (6, 8)$，求 a 与 b 的夹角的余弦值.

（2）已知 $a = (-5, 12)$，$b = (6, 8)$，求 a 与 b 的夹角的余弦值.

4. 合作交流

已知 $a = (2,1)$，$b = (1,3)$，求 a 与 b 的夹角.

 应知检测

1. 已知 $a = (-3, 4)$，$b = (6, 8)$，求 $a \cdot b$，$|a|$ 及 $|b|$.

2. 已知 $a = (x, y)$，$b = (-1, 2)$，且 $a + b = (1, 3)$，求 $|a|$.

 作业巩固

必做题：

1. 已知 $a = (1, 0)$，$b = (2, 1)$，求 $|a + 3b|$.

2. 若已知 $A(2, 1)$，$B(2, 3)$，$C(-2, 5)$，求 $\overrightarrow{AB} \cdot \overrightarrow{AC}$.

选作题：

已知坐标平面上的三个点 $A(1, 2)$，$B(4, 1)$，$C(0, -1)$，判断 $\triangle ABC$ 的形状.

谈谈你的收获

_____

_____

任务 5.9 两个向量的位置关系

📋 教学目标

1. 知识目标

（1）掌握用平面向量数量积的坐标公式判断两个平面向量的垂直关系.

（2）掌握用平面向量数量积的坐标公式判断两个平面向量的平行关系.

2. 能力目标

（1）注重培养学生的观察能力和推理能力.

（2）培养学生的对比区分能力.

3. 素质目标

（1）培养学生的自主学习能力.

（2）培养学生的计算能力.

4. 应知目标

（1）会判断两向量是否垂直.

（2）会判断两向量是否平行.

📖 预习提纲

（1）已知两个非零向量 a, b，若 $a \perp b$，则 a 与 b 的夹角为多少度？＿＿＿＿＿＿＿.

（2）已知两个非零向量 a, b，若 $a // b$，则 a 与 b 的夹角为多少度？＿＿＿＿＿＿＿.

（3）两向量垂直的坐标表示的判断条件：＿＿＿＿＿＿＿＿＿＿＿＿＿＿＿＿＿.

（4）两向量平行的坐标表示的判断条件：＿＿＿＿＿＿＿＿＿＿＿＿＿＿＿＿＿.

闯关学习

第一关 两向量垂直的坐标表示

1. 自主学习

已知两个向量 $a = (x_1, y_1)$，$b = (x_2, y_2)$，若 $a \perp b$，

（1）a 与 b 的夹角为＿＿＿＿.

（2）$a \cdot b = $＿＿＿＿＿＿＿.

讨论：你能发现什么规律？

2. 核心知识

两向量垂直的坐标表示：

若 $\boldsymbol{a}=(x_1,y_1)$，$\boldsymbol{b}=(x_2,y_2)$，则 $x_1x_2+y_1y_2=0$.

3. 学以致用

（1）已知 $\boldsymbol{a}=(-6,3)$，$\boldsymbol{b}=(2,9)$，判断是否有 $\boldsymbol{a}\perp\boldsymbol{b}$？

（2）已知 $\boldsymbol{a}=(1,2)$，$\boldsymbol{b}=(x,4)$，若 $\boldsymbol{a}\perp\boldsymbol{b}$，求 x 的值.

4. 能力提升

已知 $\boldsymbol{a}=(k,3)$，$\boldsymbol{b}=(1,4)$，$\boldsymbol{c}=(2,1)$，若 $(2\boldsymbol{a}-3\boldsymbol{b})\perp\boldsymbol{c}$，求 k 的值.

5. 举一反三

已知三个点：$A(2,1)$, $B(3,2)$, $D(-1,4)$,

（1）求证：$\overrightarrow{AB}\perp\overrightarrow{AD}$.

（2）欲使四边形 $ABCD$ 为矩形，求点 C 的坐标.

第二关 两向量平行的坐标表示

1. 自主学习

已知两个向量 $a = (x_1, y_1)$，$b = (x_2, y_2)$，若 $a /\!/ b$，

（1）a 与 b 方向相同时，$a \cdot b =$ _____.

（2）a 与 b 方向相反时，$a \cdot b =$ _____.

（3）尝试化简后可得：_____.

讨论：你能发现什么规律？

2. 核心知识

两向量平行的坐标表示：

若 $a = (x_1, y_1)$，$b = (x_2, y_2)$，则 $x_1 y_2 - x_2 y_1 = 0$.

3. 交流合作

（1）已知 $a = (3, 1)$，$b = (x, -3)$，若 $a /\!/ b$，求 x 的值.

（2）已知 $a = (3, 1)$，$b = (2, \lambda)$，若 $a \perp b$，求 λ 的值.

4. 能力提升

已知 $A(2, -2)$，$B(4, 3)$，$a = (2k - 1, 7)$，且 $a /\!/ \overrightarrow{AB}$，求 k 的值.

5. 举一反三

已知 $a = (1, 2)$，$b = (-3, 2)$，当 k 为何值时，$ka + b$ 与 $a - 3b$ 平行？

第三关　综合应用

1. 自主学习

已知 $a = (4, 3)$，$b = (-1, 2)$，$m = a - \lambda b$，$n = 2a + b$，按下列要求求实数 λ 的值.

（1）$m \perp n$；　　　　（2）$m // n$；　　　（3）$|m| = |n|$.

2. 合作交流

已知 $a = (1, 2)$，$b = (2, -3)$，若向量 c 满足 $(c+a) // b$，$c \perp (a+b)$，求向量 c.

3. 举一反三

已知 $a = (3, 1)$，$b = (1, 3)$，$c = (k, 2)$，

（1）若向量 c 满足 $(a - c) \perp b$，求实数 k 的值.

（2）若向量 c 满足 $(a - c) // b$，求实数 k 的值.

应知检测

1. 已知 $a = (x, 1)$，$b = (3, 6)$，若 $a \perp b$，求实数 x 的值.

2. 已知 $a = (-2, 3)$，$b = (x, 6)$，若 $a // b$，求实数 x 的值.

作业巩固

必做题：

1. 已知 $a = (1, 1)$, $b = (2, -3)$，若 $ka - 2b \perp a$，求实数 k 的值.

2. 已知 $a = (1, k)$, $b = (9, k - 6)$，若 $a // b$，求实数 k 的值.

选作题：

已知 $A(-1, 2)$, $B(2, 3)$, $C(3, -1)$，且 $\overrightarrow{AD} = 2\overrightarrow{BC} - 3\overrightarrow{BC}$，求 D 点的坐标.

 谈谈你的收获

_____

_____

项目 6　极限与连续

 项目描述

本项目的主要内容包括函数的极限和函数的连续性.

极限是微积分中最基础的概念，也是微积分中很多定义的基础.本项目主要介绍极限的概念、运算及性质，并在此基础上建立函数连续的概念及性质，以便为下一步学习微积分奠定基础.

 项目整体教学目标

【知识目标】

了解极限的定义，并在学习过程中能逐步加深对极限思想的理解，掌握极限的四则运算法则，理解函数连续的概念，会判断间断点的类型.

【能力目标】

通过学习函数的极限，培养学生的逻辑思维能力以及运用数学语言的能力；通过对函数连续性的学习，培养学生分析事物的能力.

【素质目标】

培养学生思维的连贯性，培养学生思维的敏锐性.

任务 6.1　数列的极限

 教学目标

1. 知识目标

（1）使学生能从数列的变化趋势中理解数列极限的概念.

（2）会求一些简单数列的极限.

2. 能力目标

（1）通过对极限概念的理解，培养学生观察分析、抽象概括和判断论述的能力.

（2）在对数列极限存在性的判定过程中，渗透数形结合思想，充分挖掘学生思维的批判性和深刻性，以及潜在的探索发现能力和创造能力.

3. 素质目标

（1）培养学生的自主学习能力.

（2）培养学生的合作意识、团队精神.

4. 应知目标

（1）会判断一个数列是否存在极限.

（2）会求简单数列的极限.

预习提纲

（1）试列举一些数列的例子：_____

_____；

（2）数列的变化趋势：_____

_____.

闯关学习

第一关　数列的极限

1. 自主学习

极限是微积分中最重要、最基础的概念，是在解决微积分的实际问题中产生的，在后面的连续、微分和积分等内容中都要用到极限概念. 下面我们将在数列定义、图形的复习过程中引入极限思想.

2. 核心知识

（1）数列的一般表现形式：

按一定顺序排列的一列数或一个定义在正整数集合上的函数 $y_n = f(n)$，当自变量 n 按增大的顺序取值时，函数值按相应的顺序排成一串数：

$$f(1), f(2), f(3), \cdots, f(n), \cdots,$$

称之为一个无穷数列，简称数列（整标函数）．

例如：① $\dfrac{1}{2}, \dfrac{1}{4}, \dfrac{1}{8}, \dfrac{1}{16}, \cdots, \left\{\dfrac{1}{2^n}\right\}$；   ② $2, \dfrac{3}{2}, \dfrac{4}{3}, \dfrac{5}{4}, \cdots, \left\{1+\dfrac{1}{n}\right\}$；

③ $2, 4, 6, 8, \cdots, 2n, \cdots, \{2n\}$；   ④ $0, 1, 0, 1, \cdots, \left\{\dfrac{1+(-1)^n}{2}\right\}$；

⑤ $-1, \dfrac{1}{2}, -\dfrac{1}{3}, \dfrac{1}{4}, \cdots, \left\{(-1)^n\dfrac{1}{n}\right\}$；   ⑥ $\dfrac{1}{2}, \dfrac{2}{3}, \dfrac{3}{4}, \dfrac{4}{5}, \cdots, \left\{\dfrac{n}{n+1}\right\}$；

⑦ $0, \dfrac{3}{2}, \dfrac{2}{3}, \dfrac{5}{4}, \cdots, \left\{\dfrac{n+(-1)^n}{n}\right\}$．

（2）画数列的图形：

_____；

（3）分析数列的变化趋势：

_____；

（4）判断数列的极限情况：

_____．

（5）总结归纳数列极限的定义：

定义：对于数列 $\{x_n\}$，如果当 n 无限_____，数列 $\{x_n\}$ 无限接近于一个确定的_____，则称数列 $\{x_n\}$ 收敛于_____，或称当 n 趋于无穷大时，数列以 A 为极限．记作

$$\lim_{n \to \infty} x_n = A \quad \text{或} \quad x_n \to A(n \to \infty),$$

否则，称数列发散．

3. 学以致用

判断下列数列的极限是否存在．

（1）$\lim\limits_{n \to \infty} \dfrac{1}{n}$；   （2）$\lim\limits_{n \to \infty}\left(1+\dfrac{1}{n}\right)$；   （3）$\lim\limits_{n \to \infty} 2^n$；   （4）$\lim\limits_{n \to \infty} \dfrac{1+(-1)^n}{2}$．

解：（1）$\lim\limits_{n \to \infty} \dfrac{1}{n} = $ _____；   （2）$\lim\limits_{n \to \infty}\left(1+\dfrac{1}{n}\right) = $ _____；

（3）$\lim\limits_{n\to\infty} 2^n =$ _____；　　　　（4）$\lim\limits_{n\to\infty} \dfrac{1+(-1)^n}{2} =$ _____.

第二关　勇攀高峰（自学内容）

通过上面的讨论，我们可以用数学语言把数列极限叙述出来：

定义（数列极限的 ε-N 语言）：对于数列 $\{x_n\}$，如果对任意给定的正数 ε，总存在一个正整数 N，当 $n > N$ 时，

$$|x_n - A| < \varepsilon$$

恒成立，则称数列 $\{x_n\}$ 当 n 趋于无穷大时，以常数 A 为极限.

当我们要严格的证明一个数列以 A 为极限时，就要用这个定义. 如下面两个例子.

例 1　利用定义证明：$\lim\limits_{n\to\infty} \dfrac{2n+1}{n} = 2$.

证明：事实上，要使

$$\left| \frac{2n+1}{n} - 2 \right| = \frac{1}{n} < \varepsilon，$$

只需

$$n > \frac{1}{\varepsilon}，$$

故对任给 $\varepsilon > 0$，总存在 $N = \left[\dfrac{1}{\varepsilon} \right]$，当 $n > N$ 时，$\left| \dfrac{2n+1}{n} - 2 \right| = \dfrac{1}{n} < \varepsilon$ 恒成立，因此 $\lim\limits_{n\to\infty} \dfrac{2n+1}{n} = 2$. 得证.

例 2　证明：$\lim\limits_{n\to\infty} C = C$（$C$ 为常数）.

证明：事实上，任给 $\varepsilon > 0$，

$$|C - C| = 0 < \varepsilon$$

恒成立. 故 $\lim\limits_{n\to\infty} C = C$.

 应知检测

1. 判断数列 2^n，当 $n \to \infty$ 时是否存在极限.

2. 计算：$\lim\limits_{n\to\infty}\left(1+\dfrac{1}{n}\right)$.

 作业巩固

必做题：

求下列各极限.

（1）$\lim\limits_{n\to\infty}\left(4-\dfrac{1}{n}+\dfrac{3}{n^3}\right)$；

（2）$\lim\limits_{n\to\infty}\left(\dfrac{3n^2-n+1}{1+n^2}\right)$.

选做题：

利用极限定义证明：$\lim\limits_{n\to\infty}\dfrac{3n+1}{4n-1}=\dfrac{3}{4}$.

 谈谈你的收获

_____

_____

任务 6.2　函数的极限

 教学目标

1. 知识目标

（1）掌握函数的左、右极限概念，会求函数在一点的左、右极限.

（2）理解函数在一点处的极限与左、右极限的关系.

2. 能力目标

（1）使学生掌握函数左、右极限的概念，会求函数在一点处的左、右极限，体会极限思想.

（2）通过加深对函数极限的理解，培养学生利用已学知识解决问题的能力.

3. 素质目标

（1）通过认识事物之间的相互联系与区别，培养学生的归纳能力.

（2）培养学生要用运动的、联系的观点看问题.

4. 应知目标

（1）函数 $f(x)$ 在 $x \to \infty$ 时极限存在的充分必要条件.

（2）函数 $f(x)$ 在 x_0 点极限存在的充分必要条件.

📖 预习提纲

试叙述函数极限的两种趋近形式：_____

_____

_____.

📖 闯关学习

由任务 6.1 可知，数列是自变量取自然数时的极限，$x_n = f(n)$，因此，数列是函数的一种特殊情况. 本节将讨论一般函数 $y = f(x)$ 的极限，主要研究以下两种情形.

（1）当自变量 x 的绝对值 $|x|$ 无限增大，即 x 趋向无穷大（记为 $x \to \infty$）时，函数 $f(x)$ 的极限.

（2）当自变量 x 任意接近于 x_0 点，即 x 趋向于定值 x_0（记为 $x \to x_0$）时，函数 $f(x)$ 的极限.

第一关　$x \to \infty$ 时 $f(x)$ 的极限

1. 自主学习

$x \to \infty$ 的意义：

$$x \to \infty \begin{cases} x \to +\infty, \\ x \to -\infty, \\ x \to \infty. \end{cases}$$

实例：（1）作出函数 $f(x) = \dfrac{1}{x}$ 的图像.

（2）考察当 $x \to \infty$ 时，函数 $f(x) = \dfrac{1}{x}$ 的变化趋势.

当 x 的绝对值无限增大时，$f(x)$ 的值无限接近于 _____. 当 $x \to +\infty$ 时，$f(x) \to$ _____；当 $x \to -\infty$ 时，$f(x) \to$ _____. 即：当 $x \to \infty$ 时，$f(x) \to$ _____.

2. 核心知识

（1）**定义**：对于函数 $f(x)$，当 x 的绝对值无限增大时，$f(x)$ 无限接近于一个确定的常数 A，则称当 x 趋于无穷大时，函数 $f(x)$ 以 A 为极限. 记作

$$\lim_{x \to \infty} f(x) = A .$$

（2）**引申知识**：

自变量 x 的绝对值无限增大是指 x 既可以取正值而无限增大，记为_____；同时也可以取负值而绝对值无限增大，记为_____.

函数 $f(x)$ 在 $x \to \infty$ 时极限存在的充分必要条件是：

$$\lim_{x \to \infty} f(x) = A \Leftrightarrow \underline{\hspace{6cm}}.$$

第二关　$x \to x_0$ 时 $f(x)$ 的极限

1. 自主学习

实例 1　作出函数 $f(x) = 2x + 1$ 的图像.

根据图像讨论当 $x \to 2$ 时函数的极限. $x \to 2$ 表示 x 既从 2 的左侧无限接近于 2（记为 $x \to 2-0$ 或 $x \to 2^-$），也从 2 的右侧无限接近于 2（记为 $x \to 2+0$ 或 $x \to 2^+$）.

结论：

$$\left. \begin{array}{l} x \to 2^-, f(x) \to \underline{\hspace{2cm}} \\ x \to 2^+, f(x) \to \underline{\hspace{2cm}} \end{array} \right\} x \to 2, f(x) \to \underline{\hspace{3cm}}.$$

实例 2　作出函数 $f(x) = \dfrac{x^2 - 4}{x - 2}$ 的图像.

结论：

$$x \to 2^-, f(x) \to \underline{\qquad}$$
$$x \to 2^+, f(x) \to \underline{\qquad}$$
$$\Bigg\} x \to 2, f(x) \to \underline{\qquad\qquad}.$$

得出结论：当自变量 x 从 x_0 点的左、右两边无限接近 x_0 时，变量 y 的值也无限接近____.

2. 核心知识

（1）**定义**：设函数 $f(x)$ 在 x_0 点的附近有定义，如果当 x 无限接近于定值 x_0，即 $x \to x_0$（x 可以不等于 x_0）时，$f(x)$ 无限接近于一个确定的常数 A，则 A 称为函数 $f(x)$ 当 $x \to x_0$ 时的极限. 记作

$$\lim_{x \to x_0} f(x) = A \quad \text{或} \quad x \to x_0 \text{时}, \quad f(x) \to A.$$

（2）**剖析定义**：

① 定义中，"$x \to x_0$"表示 x 从 x_0 点的左侧同时也从 x_0 点的右侧趋近于 x_0.

② 定义中说明的是当 $x \to x_0$ 时，$f(x)$ 的变化趋势，并不考虑 $f(x)$ 在点 x_0 处是否有定义.

3. 交流合作

（1）当 $x \to x_0$ 时 $f(x)$ 的左极限、右极限.

① **左极限**：设函数 $f(x)$ 在 x_0 点的左侧有定义，如果当 $x \to x_0^-$，$f(x)$ 无限接近于一个确定的常数 A，则称 A 为 $f(x)$ 当 $x \to x_0$ 时的左极限，记作

$$\lim_{x \to x_0^-} f(x) = A \quad \text{或} \quad f(x_0 - 0) = A.$$

② **右极限**：设函数 $f(x)$ 在 x_0 点的右侧有定义，如果当 $x \to x_0^+$，$f(x)$ 无限接近于一个确定的常数 A，则称 A 为 $f(x)$ 当 $x \to x_0$ 时的右极限，记作

$$\lim_{x \to x_0^+} f(x) = A \quad \text{或} \quad f(x_0 + 0) = A.$$

（2）小组合作：

函数 $f(x)$ 在 x_0 点极限存在的充分必要条件是

$$\lim_{x \to x_0} f(x) = A \Leftrightarrow \underline{\qquad\qquad\qquad}.$$

4. 学以致用

讨论函数 $f(x) = \begin{cases} x-1, & x < 0 \\ 0, & x = 0 \\ x+1, & x > 0 \end{cases}$ 当 $x \to 0$ 时的极限.

解：作出分段函数的图形：

函数 $f(x)$ 当 $x \to 0$ 时的左极限为：_____；

函数 $f(x)$ 当 $x \to 0$ 时的右极限为：_____.

当 $x \to 0$ 时，函数 $f(x)$ 的左极限与右极限存在但_____（相等/不相等），所以极限 $\lim\limits_{x \to 0} f(x)$ _____.

5. 勇攀高峰

讨论函数 $y = \dfrac{x^2 - 1}{x + 1}$ 当 $x \to -1$ 时的极限.

 应知检测

1. 叙述函数 $f(x)$ 在 $x \to \infty$ 时极限存在的充分必要条件.

2. 叙述函数 $f(x)$ 在 x_0 点极限存在的充分必要条件.

作业巩固

必做题：

作出函数 $f(x) = \begin{cases} x^2 + 1, & x \leqslant 0 \\ x + 1, & x > 0 \end{cases}$ 的图像，并求当 $x \to 0$ 时 $f(x)$ 的左、右极限，从而说明当 $x \to 0$ 时函数 $f(x)$ 的极限是否存在.

选做题：

讨论函数 $f(x) = \dfrac{|x|}{x}$ 在 $x = 0$ 处的极限情况.

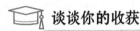 **谈谈你的收获**

_____

_____

任务 6.3　无穷大量与无穷小量

教学目标

1. 知识目标

（1）能够理解无穷大与无穷小的概念.

（2）掌握无穷大与无穷小的倒数关系，并能互相求解.

2. 能力目标

（1）通过课堂上积极主动的练习活动对学生进行思维训练，以培养学生的数形结合能力.

（2）能够应用无穷小的性质计算某些函数的极限.

3. 素质目标

（1）在定义学习及概念同化和精致的过程中培养学生的类比、分析及研究问题的能力.

（2）培养学生的团队合作精神.

4. 应知目标

（1）掌握无穷小的性质.

（2）掌握在自变量的同一变化过程中无穷大与无穷小之间的关系.

预习提纲

（1）列举一些极限为 0 的函数：_____

_____；

（2）列举一些无极限的函数：_____

_____.

闯关学习

第一关　无穷小

1. 自主学习

观察下面的例子：

实例：（1）$n \to \infty$，$\dfrac{1}{2^n} \to$ _____；

（2）$x \to 1$，$x-1 \to$ _____；

（3）$n \to \infty$，$\dfrac{1}{n} \to$ _____.

总结：它们是极限为_____的函数，这一类就是我们今天要学习的函数：无穷小.

2. 核心知识

（1）**无穷小的定义**：如果当 $x \to x_0$ 或 $x \to \infty$ 时，函数 $f(x)$ 的极限为_____，那么函数 $f(x)$ 称为当 $x \to x_0$ 或 $x \to \infty$ 时的无穷小量，简称无穷小.

例如：因为 $\lim\limits_{x \to \infty} \dfrac{1}{x} = 0$，所以 $\dfrac{1}{x}$ 是当 $x \to \infty$ 时的无穷小；

因为 $\lim\limits_{x \to 3}(x-3) = 0$，所以 $x-3$ 是当 $x \to 3$ 时的无穷小.

（2）**剖析定义**：

① 条件不可变，即说一个函数 $f(x)$ 是无穷小，必须指明 x 的变化趋势. 例如，函数 $x-3$ 是当 ＿$x \to 3$＿ 时的无穷小，而当 x 趋向其他数值时，$x-3$ 就_____（是/不是）无穷小.

② 无穷小是一个函数，而不是一个绝对值很小的数. 任何接近于 0 的常数，无论它多么小也不是无穷小. 例如，10^{-100} 或 -0.00001^{1000} 都不是无穷小.

③ 常数中只有"0"可以看成无穷小，因为 $\lim\limits_{x \to x_0} 0 = 0$ 或 $\lim\limits_{x \to \infty} 0 = 0$.

（3）**无穷小的性质**：

性质 1：$x \to \infty$ 时，$\dfrac{1}{x} + \dfrac{1}{x} + \dfrac{1}{x} + \dfrac{1}{x} \to 0$.

即有限个无穷小的和是_____.

性质 2：$x \to \infty$ 时，$\dfrac{1}{x} \times \dfrac{1}{x} \times \dfrac{1}{x} \times \dfrac{1}{x} \times \dfrac{1}{x} \to 0$.

即有限个无穷小的乘积是_____.

性质 3：有界函数与无穷小的乘积是无穷小.

例如：求值 $\lim\limits_{x \to 0} x \sin\dfrac{1}{x}$.

解：_____.

性质 4：常数与无穷小的乘积是_____.

第二关　无穷大

1. 自主学习

观察下面的例子：

实例：（1）$n \to \infty$，$n^2 \to$ _____；

（2）$x \to \infty$，$3^x \to$ _____；

（3）$\lim\limits_{x \to 0} \dfrac{1}{x} \to$ _____.

总结：它们是极限_____（存在/不存在）的一类函数，称之为无穷大.

2. 核心知识

（1）**无穷大的定义**：如果当 $x \to x_0$ 或 $x \to \infty$ 时，函数 $f(x)$ 的绝对值无限_____，那么函数 $f(x)$ 称为当 $x \to x_0$ 或 $x \to \infty$ 时的无穷大量，简称无穷大.

（2）**剖析定义**：

① 无穷大量并不是指函数的极限是无穷大量，而是一类无极限的函数，我们只是借助符号来描述这种变化趋势.

② 条件不可变，即说一个函数 $f(x)$ 是无穷大，必须指明自变量的变化趋势. 例如，函数 $\dfrac{1}{x}$ 是当 $x \to 0$ 时的无穷大.

③ 无穷大是一个函数，而不是很大的数.

第三关　无穷小与无穷大的关系

1. 核心知识

无穷大与无穷小之间有如下的倒数关系：

在自变量的同一变化过程中，

（1）如果 $f(x)$ 是无穷大，则 $\dfrac{1}{f(x)}$ 为_____；

（2）如果 $f(x)$ 是无穷小，则 $\dfrac{1}{f(x)}$ 为_____（$f(x) \neq 0$）.

2. 学以致用

求 $\lim\limits_{x \to 2} \dfrac{1}{x-2}$ 的极限.

解：因为 $\lim\limits_{x \to 2}(x-2) =$ _____，

所以 $\lim\limits_{x \to 2} \dfrac{1}{x-2} =$ _____.

 应知检测

1. 叙述无穷小的性质.

2. 叙述在自变量的同一变化过程中，无穷大与无穷小之间的关系.

 作业巩固

必做题：

指出下列函数中，哪些是无穷大，哪些是无穷小.

（1）$\dfrac{1+(-1)^n}{n}(n \to \infty)$；　　　（2）$\dfrac{\sin x}{1+\cos x}(x \to 0)$；　　　（3）$\dfrac{x+1}{x^2-4}(x \to 2)$.

选做题：

求下列各极限：

（1）$\lim\limits_{x \to \infty} \dfrac{3x+2}{x}$；　　　（2）$\lim\limits_{x \to 2} \dfrac{x^2-4}{x-2}$；　　　（3）$\lim\limits_{x \to 0} \dfrac{1}{1-\cos x}$.

 谈谈你的收获

_____

_____

任务 6.4　极限的四则运算

 教学目标

1. 知识目标

（1）掌握函数极限的四则运算法则.

（2）会用四则运算法则求较复杂函数的极限.

2. 能力目标

（1）能够充分运用各种方法，达到求解各类函数极限的目的.

（2）提高问题的转化能力，体会事物之间的联系和转化的关系.

3．素质目标

（1）培养学生学习、总结和归纳的能力；

（2）让学生学会从"一般"到"特殊"，从"特殊"到"一般"的转化思想，同时培养学生的创新精神，加强学生的实践能力．

4．应知目标

（1）求自变量趋于无穷时函数的极限．

（2）求自变量趋于定值时函数的极限．

预习提纲

（1）简述极限的四则运算：＿＿＿＿＿＿＿＿＿＿＿＿＿＿＿＿＿＿＿＿＿

＿＿＿＿＿＿＿＿＿＿＿＿＿＿＿＿＿＿＿＿＿＿＿＿＿＿＿＿＿＿＿＿＿＿＿

（2）求极限的常用方法：＿＿＿＿＿＿＿＿＿＿＿＿＿＿＿＿＿＿＿＿＿＿＿

＿＿＿＿＿＿＿＿＿＿＿＿＿＿＿＿＿＿＿＿＿＿＿＿＿＿＿＿＿＿＿＿＿＿．

闯关学习

第一关　极限的运算法则

1. 自主学习

假定在同一自变量的变化过程中，极限 $\lim f(x)$ 与 $\lim g(x)$ 都存在，则极限有如下的运算法则：

法则 1： $\lim\left[f(x)\pm g(x)\right]=\lim f(x)\pm\lim g(x)$．

法则 2： $\lim\left[f(x)\times g(x)\right]=\lim f(x)\times\lim g(x)$．

推论 1： $\lim\left[C\times f(x)\right]=C\times\lim f(x)$．

推论 2： $\lim\left[f(x)\right]^{n}=\left[\lim f(x)\right]^{n}$．

法则 3：若 $\lim g(x)\neq 0$, 则 $\lim\dfrac{f(x)}{g(x)}=\dfrac{\lim f(x)}{\lim g(x)}$．

2．合作探究

求极限的常用方法：

（1）代入法．

$\lim\limits_{x\to 2}(x^{2}-3x+5)=$ ＿＿＿＿＿＿＿＿＿＿＿＿＿＿＿＿＿＿＿．

（2）因式分解法.

$$\lim_{x \to 1} \frac{x^2-1}{x^2+2x-3} = \underline{\hspace{8cm}}.$$

（3）有理化法.

$$\lim_{x \to 0} \frac{\sqrt{1+x}-1}{x} = \underline{\hspace{8cm}}.$$

（4）利用有界函数与无穷小的乘积仍为无穷小.

$$\lim_{x \to \infty} \frac{\arctan x}{x} = \underline{\hspace{8cm}}.$$

（5）利用无穷小与无穷大互为倒数.

$$\lim_{x \to 1} \frac{4x-1}{x^2+2x-3} = \underline{\hspace{8cm}}.$$

（6）无穷小量析出法：当 $x \to \infty$ 时，分子、分母的极限都为无穷大，同除以分子、分母中 x 的最高次幂，再求极限的方法. 分以下三种情况：

① 当分子、分母的最高次幂相同时，

$$\lim_{x \to \infty} \frac{3x^2-2}{2x^2+1} = \lim_{x \to \infty} \frac{3\dfrac{x^2}{x^2}-\dfrac{2}{x^2}}{2\dfrac{x^2}{x^2}+\dfrac{1}{x^2}} = \underline{\hspace{6cm}};$$

② 当分母指数高于分子时，

$$\lim_{x \to \infty} \frac{3x^2-2}{2x^3+1} = \lim_{x \to \infty} \frac{3\dfrac{x^2}{x^3}-\dfrac{2}{x^3}}{2\dfrac{x^3}{x^3}+\dfrac{1}{x^3}} = \underline{\hspace{6cm}};$$

③ 当分子指数高于分母时，

$$\lim_{x \to \infty} \frac{2x^3+1}{3x^2-2} = \lim_{x \to \infty} \frac{2\dfrac{x^3}{x^3}+\dfrac{1}{x^3}}{3\dfrac{x^2}{x^3}-\dfrac{2}{x^3}} = \underline{\hspace{6cm}}.$$

（7）若分母的极限为 0，不能直接用极限运算法则，应用无穷大与无穷小的关系.

因为 $\lim\limits_{x \to 0} \dfrac{3x^2-2}{2x^3} = \underline{\hspace{3cm}}$，所以 $\lim\limits_{x \to 0} \dfrac{2x^3}{3x^2-2} = \underline{\hspace{3cm}}.$

第二关　比学赶超

计算下列各极限：

（1）$\lim\limits_{x \to \sqrt{3}} \dfrac{x^2-3}{x^2+1}$；

（2）$\lim\limits_{x \to 1} \dfrac{x^2-2x+1}{x^2-1}$；

（3）$\lim\limits_{x \to \infty}\left(2 - \dfrac{1}{x} + \dfrac{1}{x^3}\right)$;

（4）$\lim\limits_{x \to \infty} \dfrac{x^2 + x}{x^4 + 3x^2 + 1}$;

（5）$\lim\limits_{x \to 4} \dfrac{x^2 - 6x + 8}{x^2 - 5x + 4}$;

（6）$\lim\limits_{x \to 0} \dfrac{4x^3 - 2x^2 + x}{3x^2 - 2x}$;

（7）$\lim\limits_{h \to 0} \dfrac{(x + h)^2 - x^2}{h}$;

（8）$\lim\limits_{x \to \infty}\left(1 + \dfrac{1}{x}\right)\left(3 - \dfrac{1}{x^2}\right)$;

（9）$\lim\limits_{x \to 2} \dfrac{x^3 + 2x^2}{(x - 2)^2}$.

 应知检测

求下列各极限：

（1）$\lim\limits_{x \to \infty} \dfrac{5x^3 - 2}{4x^3 + 1}$;

（2）$\lim\limits_{x \to 2} \dfrac{x - 2}{x^2 - 4}$.

 作业巩固

必做题：

求下列各极限：

（1）$\lim\limits_{x \to 2} \dfrac{x^2 - 7x + 10}{x^2 - 6x + 5}$;

（2）$\lim\limits_{x \to \infty} \dfrac{2x^2 - x + 1}{3x^2 + 1}$.

选做题：

求极限：$\lim\limits_{x\to+\infty}\dfrac{\cos x}{e^x+e^{-x}}$.

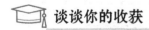 **谈谈你的收获**

_____

_____

_____

任务 6.5 两个重要极限

 教学目标

1. 知识目标

（1）掌握重要极限 1 的内容及其重要变形.
（2）掌握重要极限 2 的内容及其重要变形.

2. 能力目标

（1）正确应用公式，掌握公式应用的条件.
（2）熟练应用公式及其变形，解决有关函数极限的计算问题.

3. 素质目标

（1）认识数学的美，激发学生的学习兴趣.
（2）认识换元法、转化思想在数学解题中的重要作用.

4. 应知目标

（1）熟记两个重要极限.
（2）会应用重要极限求值.

📖 **预习提纲**

试默写两个重要极限：_____

_____.

闯关学习

第一关 极限的运算法则

1. 自主学习

重要极限 1：$\lim\limits_{x\to 0}\dfrac{\sin x}{x}=1$；变形 $\lim\limits_{x\to 0}\dfrac{x}{\sin x}=1$.

重要极限 2：$\lim\limits_{x\to\infty}\left(1+\dfrac{1}{x}\right)^{x}=\mathrm{e}$；变形 $\lim\limits_{x\to 0}(1+x)^{\frac{1}{x}}=\mathrm{e}$.

重要极限 2 的特征：（1）函数是一个幂指函数；

（2）底数是（1+无穷小）的形式；

（3）指数是无穷小的倒数；

（4）结果是无理数 e.

2. 举一反三

（1）$\lim\limits_{x\to 0}\dfrac{\sin 5x}{x}=\lim\limits_{x\to 0}5\times\dfrac{\sin 5x}{5x}=$ _____.

（2）$\lim\limits_{x\to 0}\dfrac{\tan x}{x}=\lim\limits_{x\to 0}\dfrac{\dfrac{\sin x}{\cos x}}{x}=\lim\limits_{x\to 0}\dfrac{\sin x}{x}\cdot\dfrac{1}{\cos x}=$ _____.

（3）$\lim\limits_{x\to 0}\dfrac{\sin 8x}{\sin 5x}=$ _____.

（4）$\lim\limits_{x\to 0}\dfrac{1-\cos 2x}{x\sin x}=$ _____.

（5）$\lim\limits_{x\to\infty}x\sin\dfrac{1}{x}=$ _____.

3. 学以致用

（1）$\lim\limits_{x\to\infty}\left(1+\dfrac{2}{x}\right)^{x}=\lim\limits_{x\to\infty}\left(1+\dfrac{2}{x}\right)^{\frac{x}{2}\cdot 2}=\lim\limits_{x\to\infty}\left[\left(1+\dfrac{2}{x}\right)^{\frac{x}{2}}\right]^{2}=\mathrm{e}^{2}$.

（2）$\lim\limits_{x\to 0}(1-x)^{\frac{1}{x}}=\lim\limits_{x\to 0}[1+(-x)]^{-\frac{1}{x}\cdot(-1)}=\lim\limits_{x\to 0}\{[1+(-x)]^{-\frac{1}{x}}\}^{-1}=\mathrm{e}^{-1}$.

（3）$\lim\limits_{x\to 0}(1+2x)^{\frac{1}{x}}=$ _____.

（4）$\lim\limits_{x\to\infty}\left(1-\dfrac{1}{x}\right)^{kx}=$ _____.

（5）$\lim\limits_{x\to 0}(1+x\mathrm{e}^{x})^{\frac{1}{x}}=$ _____.

应知检测

1. 叙述两个重要极限的内容.

2. 求值：$\lim\limits_{x \to 0} \dfrac{\tan 5x}{x}$.

 作业巩固

必做题：

求下列各极限：

（1）$\lim\limits_{x \to 0} \dfrac{\sin ax}{\sin bx}(a \neq 0, b \neq 0)$；

（2）$\lim\limits_{x \to \infty} \left(1 + \dfrac{3}{x}\right)^x$.

选做题：

求下列各极限：

（1）$\lim\limits_{x \to 0} \dfrac{1 - \cos x}{x^2}$；

（2）$\lim\limits_{x \to \infty} \left(\dfrac{x-1}{x+1}\right)^x$.

 谈谈你的收获

任务 6.6　函数的连续性

教学目标

1. 知识目标

（1）理解函数在一点连续的定义.

（2）掌握函数在某点连续必须满足的条件.

2. 能力目标

（1）培养学生由浅入深的逻辑思维能力，由直观到抽象的概括能力.

（2）加强学生对数形结合思想的认识.

3. 素质目标

（1）培养学生自主学习、归纳、举一反三的能力.

（2）让学生养成细心观察、认真分析、善于总结的良好思维品质.

4. 应知目标

（1）掌握函数增量 Δy 可能出现的三种情况.

（2）掌握函数 $f(x)$ 在点 x_0 处连续的充分必要条件.

预习提纲

（1）试列举函数增量可能出现的三种情况：＿＿＿＿＿＿＿＿＿＿＿＿＿＿＿＿＿

＿＿．

（2）函数 $y = f(x)$ 在点 x_0 处连续的定义：＿＿＿＿＿＿＿＿＿＿＿＿＿＿＿

＿＿．

（3）函数 $y = f(x)$ 在点 x_0 处连续的充分必要条件：＿＿＿＿＿＿＿＿＿＿＿

＿＿．

闯关学习

第一关　函数的增量

1. 自主学习

自变量增量**定义**：设自变量 x 从它的初值 x_0 改变到终值 x_1，则终值与初值之差 $x_1 - x_0$ 称

为自变量 x 的改变量（或称自变量增量），记作 Δx ，即 $\Delta x = x_1 - x_0$.

注：改变量可以是正的，可以是负的，也可以是 0.

函数值增量定义：假定函数 $y = f(x)$ 在点 x_0 的某一个邻域内有定义，当自变量在这个邻域内从 x_0 变到 $x_0 + \Delta x$ 时，函数 y 相应地从 $f(x_0)$ 变到 $f(x_0 + \Delta x)$ ，则将 $\Delta y = f(x_0 + \Delta x) - f(x_0)$ 称为函数 $y = f(x)$ 在点 x_0 处的增量.

2. 自我检测

设函数 $y = f(x) = 3x^2 - 1$ ，求适合下列条件的自变量的增量 Δx 和函数值的增量 Δy .

（1）当 x 由 1 变到 1.5；

（2）当 x 由 1 变到 0.5.

解：（1）$\Delta x = $ _____ ；$\Delta y = $ _____ ；

（2）$\Delta x = $ _____ ；$\Delta y = $ _____ .

第二关　函数 $y = f(x)$ 在点 x_0 的连续性

1. 自主学习

由图 6-1 可以看出，如果函数 $y = f(x)$ 的图形在点 x_0 及近旁没有断开，那么当 $\Delta x \to 0$ 时，$\Delta y \to $ _____（是/否）0；而在图 6-2 中，函数 $y = f(x)$ 的图形在点 x_0 处断开了，那么当 $\Delta x \to 0$ 时，$\Delta y \to $ _____（是/否）0.

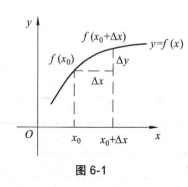

图 6-1

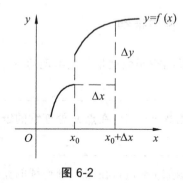

图 6-2

2. 核心知识

定义 1：设函数 $y = f(x)$ 在点 x_0 的某一个邻域内有定义，如果当自变量 x 在点 x_0 处取得的改变量 Δx _____ 0 时，函数相应的改变量 Δy _____ 0 时，则称函数 $f(x)$ 在点 x_0 处连续，x_0 称为函数 $f(x)$ 的连续点. 用极限表示为：

$$\lim_{\Delta x \to 0} \Delta y = 0 \quad \text{或} \quad \lim_{\Delta x \to 0}[f(x_0 + \Delta x) - f(x_0)] = 0 .$$

在定义 1 中，设 $x = x_0 + \Delta x$ ，则 $\Delta x \to 0$ 就是 $x \to$ _____ ，$\Delta y \to 0$ 就是 $f(x) \to$ _____ .

因此，函数 $y = f(x)$ 在点 x_0 处连续的定义又可叙述如下：

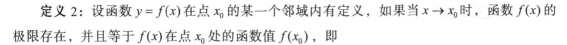

定义 2：设函数 $y = f(x)$ 在点 x_0 的某一个邻域内有定义，如果当 $x \to x_0$ 时，函数 $f(x)$ 的极限存在，并且等于 $f(x)$ 在点 x_0 处的函数值 $f(x_0)$，即

$$\lim_{x \to x_0} f(x) = f(x_0),$$

则称函数 $f(x)$ 在点 x_0 处连续，x_0 称为函数 $f(x)$ 的连续点.

3. 能力提升

定义 2 指出了函数 $y = f(x)$ 在点 x_0 处连续要满足的三个条件：

（1）函数 $f(x)$ 在点 x_0 处有＿＿＿＿＿；

（2）函数 $f(x)$ 的＿＿＿＿＿＿＿＿存在；

（3）函数 $f(x)$ 在点 x_0 处的极限值等于 $f(x)$ 在点 x_0 处的＿＿＿＿＿＿.

第三关　左、右连续

1. 自主学习

（1）**定义**：若函数 $f(x)$ 在 $(a, x_0]$ 内有定义，且

$$f(x_0 - 0) = \lim_{x \to x_0^-} f(x) = f(x_0),$$

则称 $f(x)$ 在点 x_0 处左连续；若函数 $f(x)$ 在 $[x_0, b)$ 内有定义，且

$$f(x_0 + 0) = \lim_{x \to x_0^+} f(x) = f(x_0),$$

则称 $f(x)$ 在点 x_0 处右连续.

（2）**性质**：函数 $f(x)$ 在点 x_0 处连续的充分必要条件是：函数 $f(x)$ 在点 x_0 处既左连续又右连续.

2. 自学检测

已知函数 $f(x) = \begin{cases} x^2 + 1, & x < 0 \\ 2x - b, & x \geq 0 \end{cases}$ 在点 $x = 0$ 处连续，求 b 的值.

解：$\lim\limits_{x \to 0^-} f(x) = \lim\limits_{x \to 0^-} (x^2 + 1) = $ ＿＿＿＿＿＿＿＿＿＿；

$\lim\limits_{x \to 0^+} f(x) = \lim\limits_{x \to 0^+} (2x - b) = $ ＿＿＿＿＿＿＿＿＿＿.

因为函数 $f(x)$ 在点 $x = 0$ 处连续，

所以 $\lim\limits_{x \to 0^-} f(x) = \lim\limits_{x \to 0^+} f(x)$，即 $b = $ ＿＿＿＿＿＿＿＿＿＿.

应知检测

1. 叙述函数增量 Δy 可能出现的三种情况.

2. 描述函数 $f(x)$ 在点 x_0 处连续的充分必要条件.

 作业巩固

必做题：

讨论函数 $f(x)=\begin{cases}2x+1, & x\leqslant 0 \\ \cos x, & x>0\end{cases}$ 在点 $x=0$ 处的连续性.

选做题：

判断函数 $f(x)=\begin{cases}\mathrm{e}^x, & x\leqslant 0 \\ \dfrac{\sin x}{x}, & x>0\end{cases}$ 在点 $x=0$ 处是否连续，为什么？

 谈谈你的收获

任务 6.7 函数的间断点

教学目标

1. 知识目标

（1）掌握函数间断点的概念.

（2）掌握函数间断点的基本分类.

2. 能力目标

（1）会判断函数间断点的类型.

（2）在主动参与探究概念的过程中，发展学生的合情推理能力和合作交流、探究发现的意识.

3. 素质目标

（1）培养学生的数形结合能力；

（2）培养学生的归纳、总结能力.

4. 应知目标

（1）会对间断点进行分类.

（2）判断函数在指定点所属的间断点类型.

预习提纲

（1）试列举一些存在间断点的函数例子：＿＿＿＿＿＿＿＿＿＿＿＿＿＿＿＿＿＿

＿＿＿＿＿＿＿＿＿＿＿＿＿＿＿＿＿＿＿＿＿＿＿＿＿＿＿＿＿＿＿＿＿＿；

（2）间断点的分类：＿＿＿＿＿＿＿＿＿＿＿＿＿＿＿＿＿＿＿＿＿＿＿＿

＿＿＿＿＿＿＿＿＿＿＿＿＿＿＿＿＿＿＿＿＿＿＿＿＿＿＿＿＿＿＿＿＿＿.

闯关学习

第一关　函数的间断点

1. 自主学习

定义：设函数 $f(x)$ 在点 x_0 的某去心邻域内有定义. 在此前提下，如果函数 $f(x)$ 有下列三种情形之一：

（1）在点 x_0 处没有定义；

（2）虽然在点 x_0 处有定义，但 $\lim\limits_{x \to x_0} f(x)$ 不存在；

（3）虽然在点 x_0 处有定义，且 $\lim\limits_{x \to x_0} f(x)$ 存在，但 $\lim\limits_{x \to x_0} f(x) \neq f(x_0)$ ，

则函数 $f(x)$ 在点 x_0 处间断，而点 x_0 称为函数 $f(x)$ 的不连续点或间断点.

2. 学以致用

判断函数 $f(x) = \dfrac{x^2 - 1}{x - 1}$ 在点 $x = 1$ 处是否连续.

第二关　间断点的分类

1. 自主学习

函数间断点按其单侧极限是否存在，分为第一类间断点和第二类间断点.

定义：如果 x_0 是函数 $f(x)$ 的间断点，并且左极限 $f(x_0-0)$ 及右极限 $f(x_0+0)$ 都存在，则称 x_0 为函数 $f(x)$ 的第一类间断点. 如果左极限 $f(x_0-0)$ 及右极限 $f(x_0+0)$ 至少有一个不存在，则称 x_0 为函数 $f(x)$ 的第二类间断点.

2. 学以致用

例 1　证明 $x=1$ 为函数 $f(x)=\begin{cases} x+1, & x\neq 1 \\ 1, & x=1 \end{cases}$ 的第一类间断点（见图 6-3）.

证明：因为＿＿＿＿＿是函数 $f(x)$ 的间断点，

左极限 $f(1-0)$ 及右极限 $f(1+0)$ 都＿＿＿＿＿，

所以 $x=1$ 为 $f(x)$ 的第一类间断点.

观察图 6-3，

$$\lim_{x\to 1}f(x) \underline{\qquad} f(1),$$

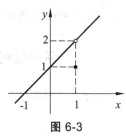

图 6-3

所以这类间断点称为**可去间断点**.

例 2　证明 $x=1$ 为函数 $f(x)=\begin{cases} x+1, & x<1 \\ 1, & x\geq 1 \end{cases}$ 的第一类间断点（见图 6-4）.

证明：因为＿＿＿＿是函数 $f(x)$ 的间断点，

左极限 $f(1-0)$ 及右极限 $f(1+0)$ 都＿＿＿＿＿，

所以 $x=1$ 为 $f(x)$ 的第一类间断点.

观察图 6-4，

$$\lim_{x\to 1^-}f(x)=\underline{\qquad}, \quad \lim_{x\to 1^+}f(x)=\underline{\qquad},$$

$$\lim_{x\to 1^-}f(x) \underline{\qquad} \lim_{x\to 1^+}f(x),$$

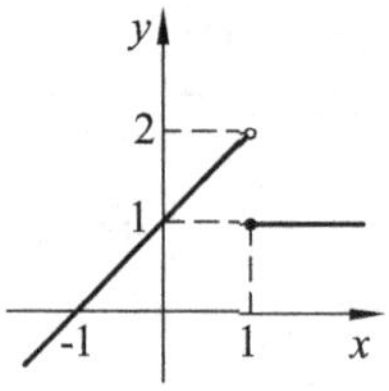

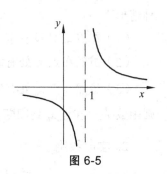

图 6-4

所以这类间断点称为**跳跃间断点**.

例 3　证明 $x=1$ 为函数 $f(x)=\dfrac{1}{x-1}$ 的第二类间断点（见图 6-5）.

证明：因为＿＿＿＿是函数 $f(x)$ 的间断点，

左极限 $f(1-0)$ ＿＿＿＿＿，右极限 $f(1+0)$ ＿＿＿＿＿，

所以 $x=1$ 为 $f(x)$ 的第二类间断点.

观察图 6-5，因为

$$\lim_{x\to 1^-}f(x)=\underline{\qquad}, \quad \lim_{x\to 1^+}f(x)=\underline{\qquad},$$

图 6-5

所以这类间断点称为**无穷间断点**.

例 4 讨论函数 $f(x) = \sin\dfrac{1}{x}$ 在点 $x = 0$ 处的连续性（见图 6-6）.

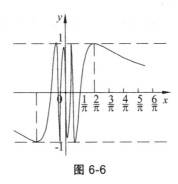

图 6-6

解： 因为 $f(x)$ 在点 $x = 0$ 处没有定义，

故 $\lim\limits_{x \to 0} \sin\dfrac{1}{x}$ 不存在.

所以 $x = 0$ 为函数 $f(x) = \sin\dfrac{1}{x}$ 的第二类间断点.

这类间断点称为**振荡间断点**.

 应知检测

1. 叙述间断点的分类.

2. 判断函数 $f(x) = \begin{cases} x+2, & x \geqslant 0 \\ x-2, & x < 0 \end{cases}$ 在点 $x = 0$ 处所属的间断点类型.

 作业巩固

必做题：

判断函数 $f(x) = \begin{cases} \dfrac{1}{x}, & x > 0 \\ x, & x \leqslant 0 \end{cases}$ 在点 $x = 0$ 处的连续性.

选做题：

讨论函数 $f(x) = \begin{cases} 2\sqrt{x}, & 0 < x < 1 \\ 1, & x = 1 \\ 1+x, & x > 1 \end{cases}$ 在点 $x = 1$ 处是否为可去间断点，如果是，请补充定义使它

连续.

🎓 **谈谈你的收获**

_____

_____

项目 7　导数及其应用

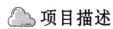 项目描述

　　本项目的主要内容包括导数的概念、运算及其简单应用.

　　导数是高等数学的基础，也是研究函数性质的重要工具. 在此项目中，将引入导数和微分的概念，给出导数与微分的计算方法，以及导数在研究瞬时速度、加速度、求曲线切线等问题中的应用. 除此以外，还将介绍如何利用导数求函数的极值及在函数性质研究中的应用.

项目整体教学目标

【知识目标】

　　会求初等函数及隐函数所确定的函数的导数，会求函数的极值，能判断函数的单调性和函数图形的凹凸，会求曲线的拐点，掌握函数图形的描绘方法.

【能力目标】

　　让学生动脑、动手、动口，并在观察中分析，在分析中思考，在思考中总结规律，以培养学生的分析能力和概括表达能力，进而在利用导数解决实际问题的过程中培养学生的类比、分析及研究问题的能力.

【素质目标】

　　培养学生的类比、迁移能力，提升学生与他人合作探究的意识.

任务 7.1　导数概念

 教学目标

1．知识目标

（1）了解导数的概念，掌握利用导数定义求导数的方法．

（2）理解导数的几何意义、物理意义，学会求曲线的切线方程和法线方程．

2．能力目标

（1）通过导数概念的形成过程，让学生掌握从具体到抽象、从特殊到一般的思维方法．

（2）提高学生的类比归纳、抽象概括、联系与转化的思维能力．

3．素质目标

（1）让学生在探索"平均变化率"的过程中，体会数学的严谨与理性．

（2）培养学生用运动变化这一唯物辩证法思想处理数学问题的积极态度．

4．应知目标

（1）会求增量．

（2）会求曲线上过某点的切线方程和法线方程．

预习提纲

学习背景

为了描述现实世界运动变化过程中的现象，在数学中引入了函数，随着对函数的深入研究，产生了微积分．微积分的创立与自然科学中三类问题的处理直接相关：

（1）已知物体运动的路程作为时间的函数，求物体在任意时刻的速度与加速度等．

（2）求曲线在某一点处的切线．

（3）求已知函数的最大值与最小值．

导数是微积分的核心概念之一，它是研究函数增减、变化快慢、最大（小）值等问题的最一般、最有效的工具．

第一关　变化率问题

问题 1　气球膨胀率问题：

气球的体积 V（单位：L）与半径 r（单位：dm）之间的函数关系是_____；如果将半径 r 表示为体积 V 的函数，那么_____.

（1）当 V 从 0 增加到 1 时，气球半径增加了_____，气球的平均膨胀率为_____；

（2）当 V 从 1 增加到 2 时，气球半径增加了_____，气球的平均膨胀率为_____.

由此可以看出，随着气球体积的逐渐增大，它的平均膨胀率逐渐变小了.

讨论：当空气容量从 V_1 增加到 V_2 时，气球的平均膨胀率是多少？_____.

问题 2　高台跳水问题：

如图 7-1 所示，在高台跳水运动中，运动员相对于水面的高度 h（单位：m）与起跳后的时间 t（单位：s）存在函数关系_____. 思考计算：$0 \leqslant t \leqslant 0.5$ 和 $1 \leqslant t \leqslant 2$ 的平均速度 $\bar{v}$.

在 $0 \leqslant t \leqslant 0.5$ 这段时间里，_____；

在 $1 \leqslant t \leqslant 2$ 这段时间里，_____.

讨论：计算运动员在 $0 \leqslant t \leqslant \dfrac{65}{49}$ 这段时间里的平均速度，并思考以下问题：

（1）运动员在这段时间内是静止的吗？

（2）你认为用平均速度描述运动员的运动状态有问题吗？

结论：（1）_____只能粗略地描述运动员的运动状态，它并不能反映某一时刻的运动状态.

（2）需要寻找一个量，使之能更精细地刻画运动员的运动状态.

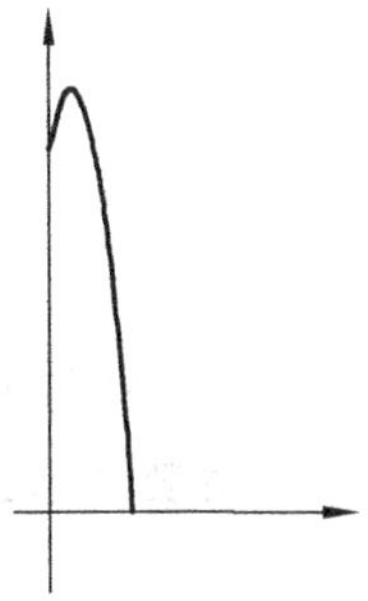

图 7-1

问题 3　平均变化率：

如图 7-2 所示，已知函数 $f(x)$，则其变化率可用式子_____表示，此式称为函数 $f(x)$ 从 x_1 到 x_2 _____. 习惯上，用 Δx 表示 $x_2 - x_1$，即 $\Delta x =$_____，可把 Δx 看作相对于 x_1 的一个"增量"，用 $x_1 + \Delta x$ 代替 x_2. 类似地，有 $\Delta f(x) =$_____，于是，平均变化率可以表示为_____.

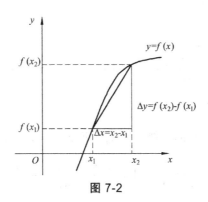

图 7-2

思考：观察函数 $f(x)$ 的图像，说出平均变化率

$\dfrac{\Delta f(x)}{\Delta x} = \dfrac{f(x_2) - f(x_1)}{x_2 - x_1}$ 表示_____.

总结计算平均变化率的步骤：

（1）求自变量的增量：_____；

（2）求函数的增量：_____；

（3）求平均变化率：$\dfrac{\Delta f(x)}{\Delta x} =$ _____.

注意：（1）Δx 是一个整体符号，而不是 Δ 与 x 相乘；

（2）$x_2 = x_1 + \Delta x$；

（3）$\Delta f(x) = \Delta y = y_2 - y_1$.

问题 4 瞬时速度：

我们把物体在某一时刻的速度称为_____. 一般地，若物体的运动规律为 $s = f(t)$，则物体在时刻 t 的瞬时速度 v 就是物体在 t 到 $t + \Delta t$ 这段时间内，当_____时平均速度的极限，即 $y = \lim\limits_{\Delta t \to 0} \dfrac{\Delta s}{\Delta t} =$ _____.

第二关 导数的概念

1. 核心知识

导数：函数 $y = f(x)$ 在点 $x = x_0$ 处的瞬时变化率是：

$$\lim\limits_{\Delta x \to 0} \frac{f(x_0 + \Delta x) - f(x_0)}{\Delta x} = \lim\limits_{\Delta x \to 0} \frac{\Delta f(x)}{\Delta x},$$

我们称它为函数 $y = f(x)$ 在点 $x = x_0$ 处的_____，记作

$$f'(x), \quad y', \quad \frac{\mathrm{d}f(x)}{\mathrm{d}x} \text{ 或 } \frac{\mathrm{d}y}{\mathrm{d}x},$$

即_____.

探究求导数的步骤：

（1）求增量：_____；

（2）算比值：$\dfrac{\Delta y}{\Delta x} = \dfrac{f(x_0 + \Delta x) - f(x_0)}{\Delta x}$；（即_____变化率）

（3）求 $y'\big|_{x=x_0} = \dfrac{\Delta y}{\Delta x}$（在 $\Delta x \to 0$ 时）.

左、右导数：如果 x 仅从 x_0 的左侧趋于 x_0（记为 $\Delta x \to 0^-$ 或 $x \to x_0^-$）时，极限

$$\lim\limits_{\Delta x \to 0^-} \frac{\Delta y}{\Delta x} = \lim\limits_{\Delta x \to 0^-} \frac{f(x_0 + \Delta x) - f(x_0)}{\Delta x}$$

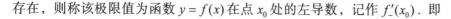

存在，则称该极限值为函数 $y = f(x)$ 在点 x_0 处的左导数，记作 $f_-'(x_0)$．即

$$f_-'(x_0) = \lim_{\Delta x \to 0^-} \frac{\Delta y}{\Delta x} = \lim_{\Delta x \to 0^-} \frac{f(x_0 + \Delta x) - f(x_0)}{\Delta x} = \lim_{x \to x_0^-} \frac{f(x) - f(x_0)}{x - x_0}.$$

类似地，可定义函数 $y = f(x)$ 在点 x_0 处的右导数：

$$f_+'(x_0) = \underline{\hspace{5cm}}.$$

函数在一点处的左导数、右导数与函数在该点处的导数间有如下关系：

函数 $y = f(x)$ 在点 x_0 处可导的充分必要条件是：函数 $y = f(x)$ 在点 x_0 处的左、右导数均存在且相等．

导数的几何意义：$f'(x_0)$ 表示曲线 $y = f(x)$ 在点 $M(x_0, f(x_0))$ 处的切线的斜率，即

$$\tan \alpha = \lim_{\Delta x \to 0} \frac{\Delta y}{\Delta x} = \lim_{\Delta x \to 0} \frac{f(x_0 + \Delta x) - f(x_0)}{\Delta x}.$$

特别地：曲线 $y = f(x)$ 在点 $M(x_0, f(x_0))$ 处的切线方程为：

$$y - y_0 = f'(x_0)(x - x_0).$$

曲线 $y = f(x)$ 在点 $M(x_0, f(x_0))$ 处的法线方程为：

$$y - y_0 = -\frac{1}{f'(x_0)}(x - x_0).$$

可导与连续的关系：　函数可导必定连续，但是连续不一定可导．

2. 学以致用

（1）求函数 $f(x) = x^3$ 在点 $x = 1$ 处的导数 $f'(1)$．

（2）求函数 $f(x) = \begin{cases} \sin x, & x < 0 \\ x, & x \geqslant 0 \end{cases}$ 在点 $x = 0$ 处的导数．

📝 应知检测

1. 已知函数 $y = x^3 - 1$，在点 $x = 2$ 处计算当 $\Delta x = 1$ 时 Δy 的值.

2. 求函数 $f(x) = 3x^4 + 1$ 在点 $x = 1$ 处的导数 $f'(1)$.

 作业巩固

必做题：

1. 已知函数 $y = 2x^2 + 3$，在点 $x = 1$ 处计算当 $\Delta x = 0.1$ 时 Δy 的值.

2. 求函数 $f(x) = \dfrac{1}{x} + x$ 在点 $x = 1$ 处的导数 $f'(1)$.

选做题：

设 $f(x) = 10x^2$，试按定义求 $f'(-1)$.

 谈谈你的收获

任务 7.2 基本初等函数的求导法则

 教学目标

1. 知识目标

（1）掌握基本初等函数的求导法则.

（2）掌握复合函数的求导法则.

2. 能力目标

（1）通过求导公式的应用，让学生掌握从特殊到一般的思维方法.

（2）提高学生的类比归纳、联系与转化的思维能力.

3. 素质目标

（1）在求导公式的应用过程中，让学生体会数学的严谨与理性.

（2）培养学生用运动变化这一唯物辩证法思想处理数学问题的积极态度.

4. 应知目标

（1）会求基本初等函数的导数.

（2）会利用导数的四则运算法则进行求导计算.

预习提纲

（1）回忆常用的基本初等函数的求导公式：

① $(C)' = $ _____；　　② $(x^\mu)' = $ _____；

③ $(\sin x)' = $ _____；　　④ $(\cos x)' = $ _____；

⑤ $(\tan x)' = $ _____；　　⑥ $(\cot x)' = $ _____；

⑦ $(a^x)' = $ _____；　　⑧ $(\log_a x)' = $ _____.

（2）列举几个复合函数：_____.

回忆复合函数的概念：_____.

闯关学习

第一关　基本函数的求导法则

1. 核心知识

基本初等函数的求导公式：

（1）$(C)' = 0$；　　　　　　　　　（2）$(x^\mu)' = \mu x^{\mu-1}$；

（3）$(\sin x)' = \cos x$；　　　　　　（4）$(\cos x)' = -\sin x$；

（5）$(\tan x)' = \sec x$；　　　　　　（6）$(\cot x)' = -\csc x$；

（7）$(\sec x)' = \sec x \tan x$；　　　　（8）$(\csc x)' = -\csc x \cot x$；

（9）$(a^x)' = a^x \ln a$；　　　　　　（10）$(\mathrm{e}^x)' = \mathrm{e}^x$；

（11）$(\log_a x)' = \dfrac{1}{x \ln a}$；　　　　（12）$(\ln x)' = \dfrac{1}{x}$；

（13）$(\arcsin x)' = \dfrac{1}{\sqrt{1-x^2}}$；　　（14）$(\arccos x)' = -\dfrac{1}{\sqrt{1-x^2}}$；

（15）$(\arctan x)' = \dfrac{1}{1+x^2}$；　　（16）$(\operatorname{arccot} x)' = -\dfrac{1}{1+x^2}$.

函数的和、差、积、商的求导法则：

设 $u = u(x)$ ， $v = v(x)$ 可导，则有：

（1） $(u \pm v)' = u' \pm v'$ ；

（2） $(Cu)' = Cu'$（C 是常数）；

（3） $(uv)' = u'v + uv'$ ；

（4） $\left(\dfrac{u}{v} \right)' = \dfrac{u'v - uv'}{v^2}(v \neq 0)$.

2. 学以致用

计算下列函数的导数：

（1） $(3a)' = $ ＿＿＿＿＿＿＿＿（a 为常数）；

（2） $(x^3)' = $ ＿＿＿＿＿＿＿＿＿＿ ；

（3） $(m^x)' = $ ＿＿＿＿＿＿＿＿（m 为常数）；

（4） $(\sqrt{x})' = $ ＿＿＿＿＿＿＿＿＿＿ ；

（5） $(\log_2 x)' = $ ＿＿＿＿＿＿＿＿ ；

（6） $(\ln x)' = $ ＿＿＿＿＿＿＿＿＿＿ ；

（7） $(3x + 5\sqrt{x})' = $ ＿＿＿＿＿＿＿ ；

（8） $(5x^3 - 2^x + 3e^x)' = $ ＿＿＿＿＿＿ ；

（9） $(x^3 \ln x)' = $ ＿＿＿＿＿＿＿＿ ；

（10） $\left(\dfrac{\sin x}{e^x} \right)' = $ ＿＿＿＿＿＿＿＿ .

3. 能力提升

计算下列函数的导数：

（1） $(e^x \cos x)' = $ ＿＿＿＿＿＿＿＿ ；

（2） $(\sqrt[3]{x} - \sec x + 3e^x)' = $ ＿＿＿＿＿ ；

（3） $(a^x \log_2 x)' = $ ＿＿＿＿＿＿＿ ；

（4） $\left(\dfrac{\ln x}{x} \right)' = $ ＿＿＿＿＿＿＿＿＿ .

第二关　复合函数的求导

1. 核心知识

复合函数的导数：设函数 $y = f(u)$ ，而 $u = g(x)$ ，则 $y = f[g(x)]$ 的导数为

$$\frac{dy}{dx} = \frac{dy}{du} \cdot \frac{du}{dx} \quad \text{或} \quad y'(x) = f'(u) \cdot g'(x) .$$

复合函数的求导法则：复合函数对自变量的导数，等于已知函数对中间变量的导数，乘以中间变量对自变量的导数.

复合函数求导的基本步骤：分解—求导—相乘—回代.

2. 学以致用

写出复合函数 $y = (2x + 3)^3$ 的中间变量，并利用复合导数的求导法则求出此函数的导数.

总结复合函数求导的基本步骤：分解—＿＿＿＿—＿＿＿＿—回代.

注意：（1）求复合函数的导数的关键，在于分清函数的复合关系，适当选取＿＿＿＿＿；

（2）要弄清楚每一步求导是哪个变量对哪个变量求导，不要混淆；

（3）在熟练掌握公式以后，不必再写出中间步骤.

3. 举一反三

求下列函数的导数:

（1）$y = (-2x+4)^4$；

（2）$y = e^{2x}$；

（3）$y = \ln \dfrac{1}{x}$；

（4）$y = \dfrac{1}{(2x-3)^2}$．

 应知检测

1. 求函数 $y = \sin x + x^2 + 2$ 的导数．

2. 求函数 $y = \sin^2 x$ 的导数．

 作业巩固

必做题:

求下列函数的导数:

（1）$y = 3x^4 + 7$；

（2）$y = 3e^x + \sin x$；

（3）$y = 2 + \ln x$；

（4）$y = \ln^2 x$．

选做题:

求下列函数的导数:

（1）$y = \dfrac{3x}{\sin x}$；

（2）$(2x^2 + 4)^5$．

 谈谈你的收获

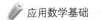

任务 7.3 高阶导数

教学目标

1. 知识目标

（1）了解高阶导数的概念.

（2）会求简单的 n 阶导数.

2. 能力目标

（1）通过求简单函数的高阶导数，提高学生的计算能力.

（2）提高学生的类比归纳、联系与转化的思维能力.

3. 素质目标

（1）在求导公式的应用过程中，让学生体会数学的严谨与理性.

（2）培养学生解决问题的思维方式.

4. 应知目标

（1）会求基本初等函数的二阶导数.

（2）会求简单函数的 n 阶导数.

预习提纲

回忆基本初等函数的求导公式：

（1）$(C)' = $ _____ ；

（2）$(x^\mu)' = $ _____ ；

（3）$(\sin x)' = $ _____ ；

（4）$(\cos x)' = $ _____ ；

（5）$(\tan x)' = $ _____ ；

（6）$(\cot x)' = $ _____ ；

（7）$(\sec x)' = $ _____ ；

（8）$(\csc x)' = $ _____ ；

（9）$(a^x)' = $ _____ ；

（10）$(e^x)' = $ _____ ；

（11）$(\log_a x)' = $ _____ ；

（12）$(\ln x)' = $ _____ ；

（13）$(\arcsin x)' = $ _____ ；

（14）$(\arccos x)' = $ _____ ；

（15）$(\arctan x)' = $ _____ ；

（16）$(\operatorname{arccot} x)' = $ _____ .

闯关学习

第一关　高阶导数的概念

高阶导数： 一般地，函数 $y = f(x)$ 的导数 $y' = f'(x)$ 仍然是 x 的函数. 我们把 $y' = f'(x)$ 的导数叫做函数 $y = f(x)$ 的二阶导数，记作 y'' 或 $f''(x)$ 或 $\dfrac{\mathrm{d}^2 y}{\mathrm{d}x^2}$. 相应地，把 $y = f(x)$ 的导数 $f'(x)$ 叫做函数 $y = f(x)$ 的一阶导数. 类似地，二阶导数的导数称为三阶导数，三阶导数的导数称为四阶导数，……，一般地，$(n-1)$ 阶导数的导数叫做 n 阶导数. 分别记作

$$y''', y^{(4)}, \cdots, y^{(n)} \quad \text{或} \quad \frac{\mathrm{d}^3 y}{\mathrm{d}x^3}, \frac{\mathrm{d}^4 y}{\mathrm{d}x^4}, \cdots, \frac{\mathrm{d}^n y}{\mathrm{d}x^n}.$$

函数 $f(x)$ 具有 n 阶导数，也常说成函数 $f(x)$ 为 n 阶可导. 如果函数 $f(x)$ 在点 x 处具有 n 阶导数，那么函数 $f(x)$ 在点 x 的某一邻域内必定具有一切低于 n 阶的导数. 二阶及二阶以上的导数统称为高阶导数.

y' 称为一阶导数，　$y'', y''', y^{(4)}, \cdots, y^{(n)}$ 都称为＿＿＿＿＿＿＿导数.

思考： 高阶导数的求法就是利用＿＿＿＿＿＿和＿＿＿＿＿＿，对函数逐阶求导.

第二关　高阶导数的求法

1. 核心知识

高阶导数的求法就是利用基本求导公式和导数的运算法则，对函数逐阶求导.

2. 学以致用

（1）设 $y = ax + b$，求 y''.

（2）设 $y = \sin x$，求 y''.

（3）求指数函数 $y = \mathrm{e}^x$ 的 n 阶导数.

（4）设 $f(x) = \arctan x$，求 $f'''(0)$.

3. 举一反三

（1）求 $y = x^5 + 4x^3 + 2x$ 的二阶导数.

（2）求 $y = e^{3x-2}$ 的二阶导数.

（3）求 $y = x\sin x$ 的二阶导数.

4. 能力提升

求正弦函数与余弦函数的 n 阶导数.

 应知检测

1. 求函数 $y = 5x^4 + 3x^2 + 1$ 的二阶导数.

2. 求函数 $y = e^{-x}$ 的二阶导数.

 作业巩固

必做题：
求下列函数的二阶导数：

（1）$y = 3x^4 - 2x$ ；

（2）$y = e^x + \sin x$ ；

（3）$y = x\mathrm{e}^x$；　　　　　　　　　　　　　（4）$y = x^3 - 4$．

选做题：

求下列函数的二阶导数：

（1）$y = \sqrt{1 - x^2}$；　　　　　　　　　　　（2）$y = x\mathrm{e}^{2x}$．

 谈谈你的收获

_____

_____

_____

任务 7.4　隐函数和参数方程的导数

教学目标

1. 知识目标

（1）会求简单的隐函数的导数．

（2）会求简单的参数方程的导数．

2. 能力目标

（1）通过求隐函数和参数方程的导数，提高学生解决问题的能力．

（2）提高学生转化和对比的思维能力．

3. 素质目标

（1）在求导运算的过程中，让学生体会数学的严谨与理性．

（2）培养学生解决问题的思维方式．

4. 应知目标

（1）会求简单的隐函数的导数．

（2）会求简单的参数方程的导数．

📖 预习提纲

（1）函数按照形式上的不同，可以分成两类. 其中，其表达式是自变量的某个算式的函数称为_____；其自变量与因变量之间的对应法则是由一个方程式或方程组所确定的函数称为_____.

（2）参数方程的一般形式是_____.

📖 闯关学习

第一关　隐函数的求导

1. 核心知识

（1）**隐函数**：设有两个非空数集 A 与 B. 若 $\forall x \in A$ ，由二元方程 $F(x, y) = 0$ 确定唯一一个 $y \in B$ ，则称此对应关系 f（或写为 $y = f(x)$）是二元方程 $F(x, y) = 0$ 所确定的隐函数.

（2）**隐函数求导法**：假设由方程 $F(x, y) = 0$ 所确定的函数为 $y = f(x)$ ，把它代回方程 $F(x, y) = 0$ 中，得到恒等式

$$F(x, f(x)) = 0 ,$$

利用复合函数求导法则，在上式两边同时对自变量 x 求导，再解出所求导数 $\dfrac{\mathrm{d}y}{\mathrm{d}x}$ ，这就是隐函数求导法.

2. 学以致用

（1）求方程 $xy + 3x^2 - 5y - 7 = 0$ 所确定的隐函数 $y = f(x)$ 的导数.

解： 在方程两端同时对 x 求导数，由复合函数的求导法则（注意 y 是 x 的函数），有

$$(xy + 3x^2 - 5y - 7)' = 0 .$$

则　　　　　　　　$(\underline{\quad})' + 3(\underline{\quad})' - 5(\underline{\quad})' - (\underline{\quad})' = 0 .$

则　　　　　　　　$(\underline{\quad}) + \underline{\quad} + \underline{\quad} - \underline{\quad} = 0.$

解得隐函数的导数 $y' = \underline{\hspace{3cm}}$.

（2）求方程 $\mathrm{e}^y = xy$ 所确定的隐函数 $y = f(x)$ 的导数.

解： 在方程两端同时对 x 求导数，由复合函数的求导法则（注意 y 是 x 的函数），有

$$\mathrm{e}^y \cdot y' = \underline{\hspace{2cm}}.$$

则　　　　　　　　$(\underline{\quad})\, y' = \underline{\hspace{2cm}}.$

解得隐函数的导数 $y' = \underline{\hspace{3cm}}$.

3. 能力提升

（1）求由方程 $xy + \ln y = 1$ 所确定的函数 $y = f(x)$ 的导数.

（2）求由方程 $xy = e^{x+y}$ 所确定的隐函数 y 的导数 $\dfrac{\mathrm{d}y}{\mathrm{d}x}$.

4. 举一反三

（1）求由方程 $y \sin x - \cos(x-y) = 0$ 所确定的函数 $y = f(x)$ 的导数.

（2）求由方程 $xy + \ln y = 1$ 所确定的函数 $y = f(x)$ 在点 $M(1,1)$ 处的切线方程.

第二关　参数方程的求导

1. 核心知识

参数方程的求导公式：

参数方程的一般形式是

$$\begin{cases} x = \varphi(t), \\ y = \psi(t), \end{cases} \alpha \leqslant t \leqslant \beta ,$$

若 $x = \varphi(t)$ 与 $y = \psi(t)$ 都可导，且 $\varphi'(t) \neq 0$，又 $x = \varphi(t)$ 存在反函数 $t = \varphi^{-1}(x)$，则 y 是 x 的复合函数，即

$$y = \psi(t) , \quad t = \varphi^{-1}(x) .$$

由复合函数与反函数的求导法则，有

$$\frac{\mathrm{d}y}{\mathrm{d}x} = \frac{\mathrm{d}y}{\mathrm{d}t}\frac{\mathrm{d}t}{\mathrm{d}x} = \psi'(t)[\varphi^{-1}(x)]' = \psi'(t)\frac{1}{\varphi'(t)} = \frac{\psi'(t)}{\varphi'(t)} .$$

这就是参数方程的求导公式.

2. 学以致用

（1）求由参数方程 $\begin{cases} x = \arctan t \\ y = \ln(1+t^2) \end{cases}$ 所表示的函数 $y = y(x)$ 的导数.

解： $\dfrac{\mathrm{d}y}{\mathrm{d}x} = \underline{\hspace{2cm}} = \underline{\hspace{2cm}} = \underline{\hspace{2cm}}.$

（2）求由参数方程 $\begin{cases} x = at^2 \\ y = bt^3 \end{cases}$ 所表示的函数 $y = y(x)$ 的导数.

3. 举一反三

求由参数方程 $\begin{cases} x = \mathrm{e}^t \sin t \\ y = \mathrm{e}^t \cos t \end{cases}$ 所表示的函数 $y = y(x)$ 的导数.

4. 能力提升

求由参数方程 $\begin{cases} x = \cos^2 t \\ y = \sin^2 t \end{cases}$ 所表示的函数 $y = y(x)$ 的导数.

 应知检测

1. 求由方程 $xy = \mathrm{e}^{x+y}$ 所确定的隐函数 y 的导数 $\dfrac{\mathrm{d}y}{\mathrm{d}x}$.

2. 求由参数方程 $\begin{cases} x = at \\ y = bt^2 \end{cases}$ 所表示的函数 $y = y(x)$ 的导数 $\dfrac{\mathrm{d}y}{\mathrm{d}x}$.

 作业巩固

必做题：

求由方程 $xy - \sin(\pi y^2) = 0$ 所确定的隐函数 y 的导数 $\dfrac{\mathrm{d}y}{\mathrm{d}x}$.

选做题：

求由方程 $e^{xy}+y^3-5x=0$ 所确定的隐函数 y 的导数 $\dfrac{\mathrm{d}y}{\mathrm{d}x}$.

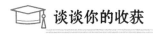 **谈谈你的收获**

任务 7.5　函数的微分

教学目标

1. 知识目标

（1）了解微分的概念.

（2）掌握微分的运算法则.

2. 能力目标

（1）培养学生观察分析、独立思考的能力.

（2）提高学生类比归纳、抽象概括、联系与转化的思维能力.

3. 素质目标

（1）培养学生主动探索、实事求是、科学严谨的学习作风.

（2）培养学生用运动变化这一唯物辩证法思想处理数学问题的积极态度.

4. 应知目标

（1）会求微小改变过程的增量.

（2）会求简单的函数的微分.

预习提纲

回忆基本初等函数的求导公式：

（1）$(C)' = $ _____；

（2）$(x^{\mu})' = $ _____；

（3）$(\sin x)' = $_____;　　　　　（4）$(\cos x)' = $_____;

（5）$(\tan x)' = $_____;　　　　　（6）$(\cot x)' = $_____;

（7）$(a^x)' = $_____;　　　　　　（8）$(\log_a x)' = $_____.

 闯关学习

第一关　微分的定义

计算函数的增量 $\Delta y = f(x_0 + \Delta x) - f(x_0)$ 是我们非常关心的. 一般来说，函数增量的计算是比较复杂的，我们希望寻求一种计算函数增量的近似计算方法.

先分析一个具体问题. 一块正方形金属薄片受温度变化的影响，其边长由 x_0 变到 $x_0 + \Delta x$（见图 7-3），问此薄片的面积改变了多少？

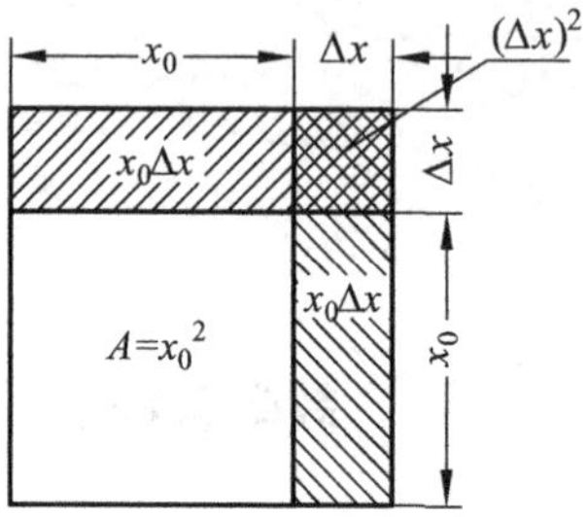

设此薄片的边长为 x，面积为 A，则 A 是 x 的函数：

$$A = \underline{\qquad}.$$

薄片受温度变化的影响，其面积的改变量可以看成当自变量 x 自 x_0 取得增量 Δx 时，函数 A 相应的增量 ΔA，即

$$\Delta A = \underline{\qquad}^2 - \underline{\qquad}^2 = \underline{\qquad}.$$

图 7-3

从上式可以看出，ΔA 分成两部分：第一部分 $2x_0\Delta A$ 是 ΔA 的线性函数，即图中带有斜线的两个矩形面积之和，而第二部分 $\underline{\qquad}^2$ 是图中带有交叉斜线的小正方形的面积. 当 $\Delta x \to 0$ 时，第二部分 $(\Delta x)^2$ 是比 Δx 高阶的无穷小，即 $(\Delta x)^2 = o(\Delta x)$. 由此可见，如果边长的改变很微小，即 $|\Delta x|$ 很小时，面积的改变量 ΔA 可近似地用第一部分来代替.

一般地，如果函数 $y = f(x)$ 满足一定条件，则函数的增量 Δy 可表示为

$$\Delta y = A\Delta x + o(\Delta x),$$

其中 A 是不依赖于 Δx 的常数. 因此 $A\Delta x$ 是 Δx 的线性函数，且它与 Δy 之差

$$\Delta y - A\Delta x = o(\Delta x)$$

是比 Δx 高阶的无穷小. 所以，当 $A \neq 0$，且 $|\Delta x|$ 很小时，我们就可近似地用 $A\Delta x$ 来代替 Δy.

设函数 $y = f(x)$ 在某区间内有定义，$x_0 + \Delta x$ 及 x_0 在这区间内，如果函数的增量

$$\Delta y = f(x_0 + \Delta x) - f(x_0)$$

可表示为　　　　　　　　　　$$\Delta y = A\Delta x + o(\Delta x),$$

其中 A 是不依赖于 Δx 的常数，而 $o(\Delta x)$ 是比 Δx 高阶的无穷小，则称函数 $y = f(x)$ 在点 x_0 是可微的，而 $A\Delta x$ 叫做函数 $y = f(x)$ 在点 x_0 相应于自变量增量 Δx 的微分，记作 dy，即

$$dy = A\Delta x.$$

第二关　函数可微的条件

1. 核心知识

设函数 $y = f(x)$ 在点 x_0 可微的充分必要条件是函数 $y = f(x)$ 在点 x_0 处可导，并且函数的微分等于函数的导数与自变量的改变量的乘积，即

$$dy = f'(x_0)\Delta x.$$

函数 $y = f(x)$ 在任意点 x 处的微分，称为函数的微分，记为 dy 或 $df(x)$，即有

$$dy = f'(x)\Delta x.$$

如果 $y = x$，则 $dx = x'\Delta x = \Delta x$（即自变量的微分等于自变量的改变量），所以

$$dy = f'(x)dx.$$

从而有
$$\frac{dy}{dx} = f'(x).$$

即函数的导数等于函数的微分与自变量的微分的商. 因此，**导数又称为"微商"**.

2. 学以致用

（1）求函数 $y = x^2$ 当 x 由 1 改变到 1.01 时的微分.

（2）求函数 $y = x^3$ 在 $x = 2$ 处的微分.

第三关　基本初等函数的微分公式与微分运算法则

1. 核心知识

基本初等函数的微分公式：

（1）$d(C) =$ ＿＿＿＿＿＿＿＿＿＿；　　　　（2）$d(x^\mu) =$ ＿＿＿＿＿＿＿；

（3）$d(\sin x) =$ ＿＿＿＿＿＿＿＿＿；　　　　（4）$d(\cos x) =$ ＿＿＿＿＿＿；

（5）$d(\tan x) =$ ＿＿＿＿＿＿＿＿；　　　　（6）$d(\cot x) =$ ＿＿＿＿＿；

（7）$d(\sec x) =$ ＿＿＿＿＿＿＿＿；　　　　（8）$d(\csc x) =$ ＿＿＿＿＿＿；

（9）$d(a^x) =$ ＿＿＿＿＿＿＿＿＿＿；　　　　（10）$d(e^x) =$ ＿＿＿＿＿＿；

（11）$d(\log_a x) =$ ＿＿＿＿＿＿＿；　　　　（12）$d(\ln x) =$ ＿＿＿＿＿＿；

（13）$d(\arcsin x) =$ ＿＿＿＿＿；　　　　（14）$d(\arccos x) =$ ＿＿＿＿＿；

（15）$d(\arctan x) =$ ＿＿＿＿＿；　　　　（16）$d(\text{arc}\cot x) =$ ＿＿＿＿＿.

微分的四则运算法则.

（1）d(Cu) = _____；

（2）d($u \pm v$) = _____；

（3）d(uv) = _____；

（4）d$\left(\dfrac{u}{v}\right)$ = _____.

2. 学以致用

（1）已知 $y = x^3 \mathrm{e}^{2x}$，求 dy.

（2）已知 $y = \dfrac{\sin x}{x}$，求 dy.

3. 举一反三

（1）已知 $y = \ln x + 2\sqrt{x}$，求 dy.

（2）已知 $y = x\sin 2x$，求 dy.

4. 能力提升

设 $y = \sqrt{a^2 + x^2}$，利用微分形式不变性求 dy.

应知检测

1. 已知 $y = x^3 - 1$，在点 $x = 2$ 处计算当 $\Delta x = 1$ 时 dy 的值.

2. 求函数 $f(x) = 3x^2 + 1$ 的微分.

 **作业巩固**

必做题：

1. 已知 $y = 2x^2 + 3$，在点 $x = 1$ 处计算当 $\Delta x = 0.1$ 时 $\mathrm{d}y$ 的值.

2. 求函数 $y = x^2 \mathrm{e}^x$ 的微分.

选做题：

求函数 $y = \ln \sqrt{1 - x^3}$ 的微分.

 谈谈你的收获

任务 7.6　洛必达法则

 教学目标

1. 知识目标

（1）掌握洛必达法则.

（2）能应用洛必达法则求 "$\dfrac{0}{0}$" 型和 "$\dfrac{\infty}{\infty}$" 型及其他型未定式的极限.

2. 能力目标

（1）通过法则的应用，在知识发生、发展以及形成过程中培养学生的观察、联想、归纳、分析和综合等能力.

（2）提高学生分析问题和解决问题的能力.

3. 素质目标

（1）让学生感受数学的美，从而激发学生的求知欲，培养学生浓厚的学习兴趣.

（2）通过合作学习，提高学生的合作交流意识.

4. 应知目标

（1）能应用洛必达法则求 "$\dfrac{0}{0}$" 型未定式极限.

（2）能应用洛必达法则求 "$\dfrac{\infty}{\infty}$" 型未定式极限.

 预习提纲

（1）极限的求解方法（至少写出三种方法）：

① _____

② _____

③ _____

④ _____

⑤ _____

（2）上述求极限方法的局限性：

_____

_____.

闯关学习

第一关　洛必达法则Ⅰ

1. 核心知识

未定式：若当 $x \to a$（或 $x \to \infty$）时，函数 $f(x)$ 和 $g(x)$ 都趋于零（或无穷大），则极限 $\lim\limits_{\substack{x \to a \\ (x \to \infty)}} \dfrac{f(x)}{g(x)}$ 可能存在，也可能不存在，通常称为 $\dfrac{0}{0}$ 型和 $\dfrac{\infty}{\infty}$ 型未定式.

例如，$\lim\limits_{x \to 0} \dfrac{\tan x}{x}$，（_____型）；$\lim\limits_{x \to 0} \dfrac{\ln \sin ax}{\ln \sin bx}$，（_____型）.

定理（洛必达法则Ⅰ）　若函数 $f(x), g(x)$ 满足条件：

（1）$\lim f(x) = 0, \lim g(x) = 0$；

（2）$f(x), g(x)$ 在点 x_0 的某个邻域内（点 x_0 可除外）可导，且 $g'(x_0) \neq 0$；

（3）$\lim \dfrac{f'(x)}{g'(x)} = A$（或 ∞），

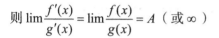

则 $\lim \dfrac{f'(x)}{g'(x)} = \lim \dfrac{f(x)}{g(x)} = A$（或 ∞）

2. 学以致用

（1）求 $\lim\limits_{x \to 0} \dfrac{\sin 2x}{x}$.

解：此极限是"_____"型，符合_____条件，所以可先对分式的分子、分母分别求导，即

$$\lim\limits_{x \to 0} \frac{\sin 2x}{x} = \lim\limits_{x \to 0} \frac{\rule{2cm}{0.4pt}}{\rule{2cm}{0.4pt}} = \rule{2cm}{0.4pt}.$$

（2）求 $\lim\limits_{x \to +\infty} \dfrac{\ln x}{x^2}$.

解：此极限是"_____"型，符合_____条件，所以可先对分式的分子、分母分别求导，即

$$\lim\limits_{x \to +\infty} \frac{\ln x}{x^2} = \lim\limits_{x \to +\infty} \frac{\rule{2cm}{0.4pt}}{\rule{2cm}{0.4pt}} = \lim\limits_{x \to +\infty} \frac{\rule{2cm}{0.4pt}}{\rule{2cm}{0.4pt}} = \rule{2cm}{0.4pt}.$$

3. 举一反三

（1）求 $\lim\limits_{x \to 0} \dfrac{e^x - 1}{3x}$.

（2）求 $\lim\limits_{x \to +\infty} \dfrac{e^x}{2x}$.

第二关 洛必达法则 II

1. 核心知识

定理（洛必达法则 II） 若函数 $f(x), g(x)$ 满足条件：

（1）$\lim f(x) = \infty, \lim g(x) = \infty$；

（2）$f(x), g(x)$ 在点 x_0 的某个邻域内（点 x_0 可除外）可导，且 $g'(x_0) \neq 0$；

（3）$\lim \dfrac{f'(x)}{g'(x)} = A$（或 ∞），

则 $\lim \dfrac{f'(x)}{g'(x)} = \lim \dfrac{f(x)}{g(x)} = A$（或 ∞）.

注：上面洛必达法则的极限形式中，对于上一章的任何一种极限形式都适用.

2. 学以致用

（1）求 $\lim\limits_{x \to 0^+} x \ln x$.

解：此极限是"$0 \cdot \infty$型，首先将其化为"_____"型，再按照_____求其极限，即

$$\lim_{x \to 0^+} x \ln x = \lim_{x \to 0^+} \underline{\hspace{2cm}} = \lim_{x \to 0^+} \underline{\hspace{2cm}} = \underline{\hspace{2cm}}.$$

（2）求 $\lim\limits_{x \to \infty} \dfrac{x + \sin x}{x + 1}$.

解：容易看到，当 $x \to \infty$ 时，$x + \sin x$ 的极限不存在，所以不满足用洛必达法则的条件，不能对其分子、分母直接求导. 通过适当处理，可使其分子、分母的极限存在，即

$$\lim_{x \to \infty} \frac{x + \sin x}{x + 1} = \lim_{x \to \infty} \frac{1 + \dfrac{\sin x}{x}}{1 + \dfrac{1}{x}} = 1.$$

本题虽然也满足洛必达法则但使用洛必达法则求不出极限，我们要选用其他方法. 所以对于具体的问题，要具体分析.

3. 举一反三

（1）求 $\lim\limits_{x \to 0} \dfrac{e^x - 1}{x^2 - x} \cdot \left(\dfrac{0}{0} 型 \right)$

（2）求 $\lim\limits_{x \to 0} \dfrac{1 - \cos x}{x^3} \cdot \left(\dfrac{0}{0} 型 \right)$

4. 能力提升

求 $\lim\limits_{x \to 0^+} \dfrac{\ln \cot x}{\ln x} \cdot \left(\dfrac{\infty}{\infty} 型 \right)$

应知检测

1. 求 $\lim\limits_{x \to +\infty} x^{-2} e^x$.

2. 求 $\lim\limits_{x \to 0}\left(\dfrac{1}{\sin x} - \dfrac{1}{x} \right)$.

 作业巩固

必做题：

1. 求 $\lim\limits_{x \to 0^+} x^x$.

2. 求 $\lim\limits_{x \to 0} \dfrac{x \cot x - 1}{x^2}$.

选做题：

求 $\lim\limits_{x \to 0}\left[\dfrac{1}{x} - \dfrac{1}{x^2}\ln(1+x) \right]$.

 谈谈你的收获

任务 7.7　函数的单调性与曲线的凹凸性

教学目标

1. 知识目标

（1）了解函数的单调性及曲线的凹凸性的有关概念.

（2）会利用导数判断函数图形的凹凸性.

2. 能力目标

（1）培养学生将实际问题转化为数学问题的能力.

（2）训练学生思维的灵活性.

3. 素质目标

（1）激发学生学习的内在动机.

（2）让学生养成良好的学习习惯.

4. 应知目标

（1）会利用导数判断函数的单调性.

（2）会利用导数求函数的凹凸性.

预习提纲

（1）如何判断一个函数的单调性：_____

_____.

（2）可导函数求极值的必要性：_____

_____.

闯关学习

第一关　函数的单调性

1. 核心知识

函数单调性的判定方法：

定理　设函数 $y = f(x)$ 在 (a,b) 内可导，则

（1）如果在 (a,b) 内 $f'(x) > 0$，那么函数 $y = f(x)$ 在 (a,b) 内单调增加；

（2）如果在 (a,b) 内 $f'(x)<0$，那么函数 $y=f(x)$ 在 (a,b) 内单调减少.

注：在区间内个别点处导数等于零，不影响函数的单调性.

2. 学以致用

（1）讨论函数 $y=x+\mathrm{e}^x$ 的单调性.

解： 因为 $y'=$ ＿＿＿＿＿ >0，

所以，函数 $y=x+\mathrm{e}^x$ 在其定义域内是＿＿＿＿的.

（2）确定函数 $y=x^3-x^2-x+1$ 的单调区间.

解： 函数 $y=x^3-x^2-x+1$ 的定义域为 $(-\infty,+\infty)$.

求导数得 $y'=3x^2-2x-1=(3x+1)(x-1)$.

令 $y'=0$，得 $x_1=-\dfrac{1}{3}$，$x_2=1$.

用 $x_1=-\dfrac{1}{3}$，$x_2=1$ 将定义域分为小区间，分别考察导数 y' 在各区间内的符号，就可以判断出函数的单调区间. 为了表达得更清楚，列表 7-1 如下：

表 7-1

x	$\left(-\infty,-\dfrac{1}{3}\right)$	$-\dfrac{1}{3}$	$\left(-\dfrac{1}{3},1\right)$	1	$(1,+\infty)$
y'	$+$	0	$-$	0	$+$
y	↗		↘		↗

从表中可清楚地看到，函数的单调增加区间为 $\left(-\infty,-\dfrac{1}{3}\right)$ 和 $(1,+\infty)$，函数的单调减少区间为 $\left(-\dfrac{1}{3},1\right)$.

3. 举一反三

确定函数 $y=2x^3-9x^2+12x-3$ 的单调区间.

第二关　曲线的凹凸性

1. 核心知识

凹凸性： 设 $f(x)$ 在区间 I 上连续，如果对 I 上任意两点 x_1,x_2，恒有

$$f\left(\frac{x_1+x_2}{2}\right)<\frac{f(x_1)+f(x_2)}{2},$$

则称 $f(x)$ 在 I 上的图形是（向上）凹的（或凹弧）；如果恒有

$$f\left(\frac{x_1+x_2}{2}\right) > \frac{f(x_1)+f(x_2)}{2},$$

则称 $f(x)$ 在 I 上的图形是（向上）凸的（或凸弧）.

凹凸性的判定：

定理 设 $f(x)$ 在 $[a,b]$ 上连续，在 (a,b) 内具有一阶和二阶导数，那么

（1）若在 (a,b) 内 $f''(x)>0$，则 $f(x)$ 在 $[a,b]$ 上的图形是凹的；

（2）若在 (a,b) 内 $f''(x)<0$，则 $f(x)$ 在 $[a,b]$ 上的图形是凸的.

拐点：连续曲线 $y=f(x)$ 上凹弧与凸弧的分界点称为该曲线的拐点.

确定曲线的凹凸区间和拐点的步骤：

（1）确定函数 $y=f(x)$ 的定义域；

（2）求出二阶导数 $f''(x)$；

（3）求使二阶导数为零的点和使二阶导数不存在的点；

（4）判断或列表判断，确定出曲线的凹凸区间和拐点.

2. 学以致用

判断曲线 $y=\ln x$ 的凹凸性.

解：$y' = $ _____ ，$y'' = $ _____ .

因为在函数 $y=\ln x$ 的定义域 $(0,+\infty)$ 内，y'' ___ 0，

所以 _____ .

3. 举一反三

（1）求 $\lim\limits_{x\to 0}\dfrac{e^x-1}{x^2-x}\left(\dfrac{0}{0}型\right)$，并判断曲线 $y=x^3$ 的凹凸性.

（2）求曲线 $y=2x^3+3x^2-2x+14$ 的拐点.

4. 能力提升

求曲线 $y=3x^4-4x^3+1$ 的拐点及凹、凸区间.

应知检测

1. 判定函数 $y = x - \sin x$ 在 $[0, 2\pi]$ 上的单调性.

2. 求极限 $\lim\limits_{x \to 0} \dfrac{2^x - 1}{x}$.

 作业巩固

必做题:

判断曲线 $y = \ln x$ 的凹凸性.

选做题:

求极限 $\lim\limits_{x \to \frac{\pi}{2}} (\sec x - \tan x)$.

 谈谈你的收获

任务 7.8　函数的极值

 教学目标

1. 知识目标

（1）了解函数极值的有关概念.

（2）会利用导数判断函数的极值．

2. 能力目标

（1）培养学生将实际问题转化为数学问题的能力．

（2）训练学生思维的灵活性．

3. 素质目标

（1）激发学生学习的内在动机．

（2）让学生养成良好的学习习惯．

4. 应知目标

（1）会利用导数求函数的最值．

（2）会利用导数求函数的极值．

预习提纲

（1）试举出已经学过的求函数极值的方法：_____

_____．

（2）图7-4中的最大值和最小值分别是：_____

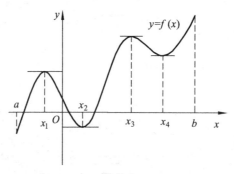

图 7-4

 闯关学习

第一关　函数的单调性

1. 核心知识

下面给出极值点的定义：

设函数 $f(x)$ 在区间 (a,b) 内有定义，x_0 是 (a,b) 内的一个点．

（1）如果对于点 x_0 近旁的任一点 $x(x \neq x_0)$，都有 $f(x) < f(x_0)$，则称 $f(x_0)$ 为函数 $f(x)$ 的

一个极大值，点 x_0 称为 $f(x)$ 的一个**极大值点**.

（2）如果对于点 x_0 近旁的任一点 $x(x \neq x_0)$，都有 $f(x) > f(x_0)$，则称 $f(x_0)$ 为函数 $f(x)$ 的一个**极小值**，点 x_0 称为 $f(x)$ 的一个**极小值点**.

函数的极大值与极小值统称为函数的极值，极大值点与极小值点统称为函数的极值点.

函数极值的判定：

定理 1　如果函数 $f(x)$ 在点 x_0 处可导且取得极值，则 $f'(x_0) = 0$. 使得函数 $f(x)$ 的导数等于零的点（即方程 $f'(x_0) = 0$ 的实根），叫做函数 $f(x)$ 的**驻点**.

定理 1 说明，可导函数的极值点必定是它的驻点，但是，函数的驻点不一定是它的极值点. 例如，点 $x = 0$ 是函数 $y = x^3$ 的驻点，但不是极值点. 所以定理 1 还不能解决所有求函数的极值问题. 但是，定理 1 提供了寻求可导函数极值点的范围，即从驻点中去寻找. 另外，还要指出，连续但不可导点也可能是其极值点. 例如，$f(x) = |x|$，在点 $x = 0$ 处连续，但不可导，而点 $x = 0$ 是该函数的极小值点.

判断驻点是不是极值点，我们有如下定理：

定理 2　设函数 $f(x)$ 在点 x_0 的近旁可导，且 $f'(x_0) = 0$.

（1）如果当 $x < x_0$ 时，$f'(x) > 0$；当 $x > x_0$ 时，$f'(x) < 0$，那么 x_0 是极大值点，$f(x_0)$ 是函数 $f(x)$ 的极大值；

（2）如果当 $x < x_0$ 时，$f'(x) < 0$；当 $x > x_0$ 时，$f'(x) > 0$，那么 x_0 是极小值点，$f(x_0)$ 是函数 $f(x)$ 的极小值.

（3）如果在点 x_0 的左右两侧，$f'(x)$ 同号，那么 x_0 不是极值点，函数 $f(x)$ 在点 x_0 处没有极值.

图 7-5 分别显示了以上三种情形：

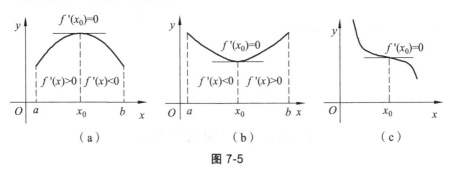

图 7-5

求函数 $f(x)$ 的极值点和极值的步骤如下：

（1）求出函数的定义域；

（2）求出函数的导数 $f'(x)$；

（3）令 $f'(x) = 0$，求出函数 $f(x)$ 在定义域内的全部驻点；

（4）用所有驻点和导数不存在的点把定义域分成若干个部分区间，列表考察每个部分区间内 $f'(x)$ 的符号，确定极值点；

（5）求出各极值点处的函数值，即得函数 $f(x)$ 的全部极值.

2. 学以致用

求函数 $f(x) = x^3 - x^2 - x + 3$ 的极值.

解：（1）函数 $f(x)$ 的定义域为 $(-\infty, +\infty)$.

（2）$f'(x) = 3x^2 - 2x - 1 = (3x+1)(x-1)$.

（3）令 $f'(x) = 0$，得驻点 $x_1 = -\dfrac{1}{3}$，$x_2 = 1$.

（4）列表考察：

表 7-2

x	$\left(-\infty, -\dfrac{1}{3}\right)$	$-\dfrac{1}{3}$	$\left(-\dfrac{1}{3}, 1\right)$	1	$(1, +\infty)$
$f'(x)$	+	0	−	0	+
$f(x)$	↗	极大值 $\dfrac{86}{27}$	↘	极小值 2	↗

所以，函数 $f(x)$ 的极大值为 $f\left(-\dfrac{1}{3}\right) = \dfrac{86}{27}$，极小值为 $f(1) = 2$.

3. 举一反三

求函数 $f(x) = (x^2 - 1)^3 + 1$ 的极值.

4. 能力提升

求函数 $f(x) = \sqrt[3]{(2x - x^2)^2}$ 的极值.

第二关　函数极值的应用

1. 核心知识

在生产实践中，常会遇到一类"最大""最小""最省"等问题. 例如，厂家生产一种圆柱形杯子，就要考虑在一定条件下，杯子的直径和高取多大时，用料最省；又如，在销售某种商品时，在成本固定之下，怎样确定零售价，才能使商品的售量最多，获得的利润最大，等等. 这类问题在数学上叫做最大值、最小值问题，简称最值问题.

如何求最大值、最小值问题呢？

闭区间上连续函数的最值：

设函数 $y = f(x)$ 在闭区间 $[a,b]$ 上连续，由闭区间上连续函数的性质知道，函数 $y = f(x)$ 在闭区间 $[a,b]$ 上一定有最大值与最小值．最大值与最小值可能在区间内部取得，也可能在区间的端点处取得，如果在区间内部取得，那么，函数的最大值与最小值一定在函数的驻点处或者导数不存在的点处取得．

函数的极值是局部概念，在一个区间内可能有很多个极值，但函数的最值是整体概念，在一个区间上只有**一个最大值和一个最小值**.

由以上分析可知，**求函数在闭区间 $[a,b]$ 上的最大值与最小值的步骤为**：

（1）求出 $f(x)$ 在区间 (a,b) 内的所有驻点、导数不存在的点，并计算各点的函数值．

（2）求出区间端点处的函数值 $f(a)$ 和 $f(b)$ ．

（3）比较以上所有函数值，其中最大的就是函数在 $[a,b]$ 上的最大值，最小的就是函数在 $[a,b]$ 上的最小值．

2. 学以致用

求函数 $f(x) = 2x^3 + 3x^2 - 12x + 14$ 在区间 $[-3,4]$ 上的最大值与最小值．

解：（1）$f'(x) = 6x^2 + 6x - 12 = 6(x+2)(x-1)$ ．

令 $f'(x) = 0$ ，得函数 $f(x)$ 在定义域内的驻点为 $x_1 = -2$ ，$x_2 = 1$ ，其函数值分别为 $f(-2) = 34$ ，$f(1) = 7$ ．

（2）在区间 $[-3,4]$ 端点处的函数值分别为 $f(-3) = 23$ ，$f(4) = 142$ ．

（3）比较以上各函数值，可以得到函数 $f(x)$ 在区间 $[-3,4]$ 上的最大值为 $f(4) = 142$ ，最小值为 $f(1) = 7$ ．

3. 举一反三

求函数 $f(x) = \dfrac{x}{1+x^2}$ 在区间 $[0,2]$ 上的最大值与最小值．

4. 能力提升

在边长为 a (cm)的正方形纸板的四个角处剪去四个相等的小正方形，折成一个无盖的盒子（见图 7-6），问小正方形的边长为多少时，才能使盒子的容积最大？

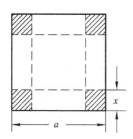
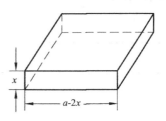

图 7-6

应知检测

1. 求函数 $f(x) = \dfrac{1}{3}x^3 - x^2 - 3x + 3$ 的极值点.

2. 求函数 $f(x) = x^3 - 3x^2 - 9x + 5$ 的极值.

 作业巩固

必做题:

求函数 $f(x) = \dfrac{1}{3}x^3 - x^2 - 3x$ 的极值.

选做题:

求函数 $f(x) = e^x \cos x$ 的极值.

 谈谈你的收获

项目 8 不定积分

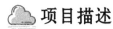 项目描述

本项目的主要内容包括一元函数不定积分的概念、基本性质与基本积分方法.

不定积分是学习现代数学的基础及工具，是培养学生创造性思维的有效素材. 通过本项目的学习，可以使学生学会理解、诊断和表征问题，学会用不同的途径和方法去解决问题，进而培养学生形成流畅的、变通的思维方法，培养学生的创造力及发展数学的能力.

项目整体教学目标

【知识目标】

理解不定积分的概念，熟练掌握不定积分的基本公式，掌握不定积分的换元积分法和分部积分法，掌握较简单的有理函数的积分.

【能力目标】

通过不定积分的概念和运算方法的学习，培养学生的逻辑思维能力以及分析、解决问题的能力.

【素质目标】

培养学生的自主学习能力，提升学生与他人合作探究的意识.

任务 8.1　不定积分的概念与性质

📋 教学目标

1. 知识目标

（1）理解原函数与不定积分的基本概念.

（2）掌握不定积分与导数（微分）之间的关系.

2. 能力目标

（1）掌握不定积分的基本性质，牢记基本积分公式.

（2）了解并能灵活运用常用积分公式.

3. 素质目标

（1）培养学生的勇于探索精神.

（2）培养学生的逻辑思维能力和基本计算能力.

4. 应知目标

（1）了解一个函数的任意两个原函数之间的关系.

（2）会用直接积分法求不定积分.

📖 预习提纲

（1）简单叙述不定积分与导数（微分）之间的关系：＿＿＿＿＿＿＿＿＿＿＿＿＿

＿＿＿＿＿＿＿＿＿＿＿＿＿＿＿＿＿＿＿＿＿＿＿＿＿＿＿＿＿＿＿＿＿＿＿＿＿．

（2）不定积分的基本性质：＿＿＿＿＿＿＿＿＿＿＿＿＿＿＿＿＿＿＿＿＿＿＿＿

＿＿＿＿＿＿＿＿＿＿＿＿＿＿＿＿＿＿＿＿＿＿＿＿＿＿＿＿＿＿＿＿＿＿＿＿＿．

（3）积分公式：＿＿＿＿＿＿＿＿＿＿＿＿＿＿＿＿＿＿＿＿＿＿＿＿＿＿＿＿＿

＿＿＿＿＿＿＿＿＿＿＿＿＿＿＿＿＿＿＿＿＿＿＿＿＿＿＿＿＿＿＿＿＿＿＿＿＿

📘 闯关学习

第一关　原函数的概念

微分学的基本问题是"已知一个函数，如何求它的导数."那么，如果已知一个函数的导数，如何求原来的函数呢？这类问题是微分法的逆运算，这也就产生了积分学. 积分学包括两个基本部分：不定积分和定积分. 本章研究不定积分的概念、性质和基本积分方法.

填空：

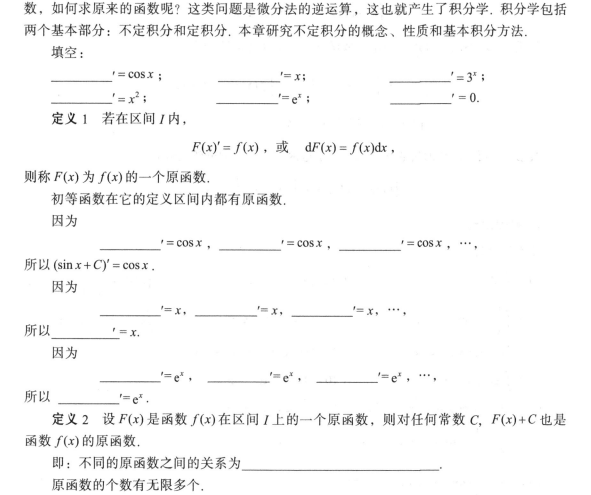

_____′ = cos x ；　　　　_____′ = x ；　　　　_____′ = 3^x ；

_____′ = x^2 ；　　　　_____′ = e^x ；　　　　_____′ = 0.

定义 1　若在区间 I 内，

$$F(x)' = f(x)，或\quad dF(x) = f(x)dx，$$

则称 $F(x)$ 为 $f(x)$ 的一个原函数.

初等函数在它的定义区间内都有原函数.

因为

_____′ = cos x ，_____′ = cos x ，_____′ = cos x ，…，

所以 $(\sin x + C)' = \cos x$.

因为

_____′ = x ，_____′ = x ，_____′ = x ，…，

所以_____′ = x.

因为

_____′ = e^x ，_____′ = e^x ，_____′ = e^x ，…，

所以 _____′ = e^x .

定义 2　设 $F(x)$ 是函数 $f(x)$ 在区间 I 上的一个原函数，则对任何常数 C，$F(x) + C$ 也是函数 $f(x)$ 的原函数.

即：不同的原函数之间的关系为_____.

原函数的个数有无限多个.

第二关　不定积分

1. 自主学习

（1）**定义**：在区间 I 上，函数 $f(x)$ 的全体原函数称为 $f(x)$ 的不定积分，记为：$\int f(x)dx$.

如果 $F(x)$ 为 $f(x)$ 的一个原函数，则

$$\int f(x)dx = F(x) + C，$$

其中 "$\int$" 称为积分号，$f(x)$ 称为被积函数，$f(x)dx$ 称为被积表达式，C 称为积分常数.

注：一个函数的不定积分既不是一个数，也不是一个函数，而是一个函数族.

（2）**性质**：

性质 1：常量因子可以提到积分号的外面. 即

$$\int k \cdot f(x)\mathrm{d}x = k \cdot \int f(x)\mathrm{d}x , \quad k \neq 0 .$$

性质 2：求不定积分运算与求导或微分运算是互逆运算. 即

$$\left[\int f(x)\mathrm{d}x\right]' = f(x) \quad \text{或} \quad \mathrm{d}\left[\int f(x)\mathrm{d}x\right] = f(x)\mathrm{d}x ;$$

$$\int F'(x)\mathrm{d}x = F(x) + C \quad \text{或} \quad \int \mathrm{d}F(x) = F(x) + C .$$

性质 3：两个函数的代数和的积分等于这两个函数的积分的代数和.

$$\int [f(x) \pm g(x)]\mathrm{d}x = \int f(x)\mathrm{d}x \pm \int g(x)\mathrm{d}x .$$

2. 熟记公式

基本积分公式：

（1）$\int 0\mathrm{d}x = C$;　　　　（2）$\int k\mathrm{d}x = kx + C$;　　　（3）$\int x^{\mu}\mathrm{d}x = \dfrac{1}{\mu+1}x^{\mu+1} + C$;

（4）$\int \dfrac{1}{x}\mathrm{d}x = \ln|x| + C$;　　（5）$\int \mathrm{e}^x\mathrm{d}x = \mathrm{e}^x + C$;　　（6）$\int a^x\mathrm{d}x = \dfrac{a^x}{\ln a} + C$;

（7）$\int \cos x\mathrm{d}x = \sin x + C$;　　（8）$\int \sin x\mathrm{d}x = -\cos x + C$;

（9）$\int \sec^2 x\mathrm{d}x = \tan x + C$;　　（10）$\int \csc^2 x\mathrm{d}x = -\cot x + C$;

（11）$\int \sec x\tan x\mathrm{d}x = \sec x + C$;　（12）$\int \csc x\cot x\mathrm{d}x = -\csc x + C$;

（13）$\int \dfrac{1}{\sqrt{1-x^2}}\mathrm{d}x = \arcsin x + C = -\arccos x + C$;

（14）$\int \dfrac{1}{1+x^2}\mathrm{d}x = \arctan x + C = -\mathrm{arccot}x + C$.

第三关　融会贯通

（1）$\int \dfrac{1}{x^3}\mathrm{d}x = \int x^{-3}\mathrm{d}x = \dfrac{x^{-3+1}}{-3+1} + C = -\dfrac{1}{2x^2} + C$;

（2）$\int 3^x\mathrm{e}^x\mathrm{d}x = \int (3\mathrm{e})^x\mathrm{d}x = \dfrac{(3\mathrm{e})^x}{\ln(3\mathrm{e})} + C = \dfrac{3^x\mathrm{e}^x}{1+\ln 3} + C$;

（3）$\int 5^x\mathrm{d}x = $ _____ ;

（4）$\int \dfrac{2}{x^2}\mathrm{d}x = $ _____ ;

（5）$\int \left(2\mathrm{e}^x + \dfrac{1}{3x}\right)\mathrm{d}x = $ _____ ;

（6）$\int \left(\cos\dfrac{\pi}{4} + 1\right)\mathrm{d}x = $ _____ ;

（7）$\int \left(\sqrt[3]{x} - \dfrac{1}{\sqrt{x}} \right) \mathrm{d}x = \underline{\hspace{6cm}}$;

（8）$\int 3^x + x^2 \, \mathrm{d}x = \underline{\hspace{6cm}}$.

 应知检测

1. 简述一个函数的任意两个原函数之间的关系.

2. 求不定积分 $\int \dfrac{1}{x^2 \sqrt{x}} \mathrm{d}x$.

 作业巩固

必做题：

求下列不定积分：

（1）$\int \dfrac{x^2}{1+x^2} \mathrm{d}x$;

（2）$\int \left(\dfrac{x}{2} + \dfrac{1}{x} + \dfrac{3}{x^3} - \dfrac{4}{x^4} \right) \mathrm{d}x$.

选做题：

求下列不定积分：

（1）$\int \dfrac{\mathrm{e}^{2t} - 1}{\mathrm{e}^t - 1} \mathrm{d}x$;

（2）$\int \left(\dfrac{2 \cdot 3^x - 5 \cdot 2^x}{3^x} \right) \mathrm{d}x$.

谈谈你的收获

任务 8.2　换元积分法

 教学目标

1. 知识目标

（1）熟练掌握第一类换元积分法.

（2）熟记凑微分公式.

2. 能力目标

（1）用第一类换元积分法计算不定积分.

（2）培养学生分析问题和解决问题的能力.

3. 素质目标

（1）通过学习过程培养学生的探索与协作精神，提高学生的合作学习意识.

（2）让学生逐步掌握科学的学习方法，进而提高自我学习、研究性学习的能力.

4. 应知目标

（1）熟记凑微分公式.

（2）会用换元积分法求函数的不定积分.

预习提纲

（1）如何求复合函数的不定积分：＿＿＿＿＿＿＿＿＿＿＿＿＿＿＿＿＿＿＿＿＿＿

＿＿＿＿＿＿＿＿＿＿＿＿＿＿＿＿＿＿＿＿＿＿＿＿＿＿＿＿＿＿＿＿＿＿＿＿＿＿．

（2）简述凑微分法：＿＿＿＿＿＿＿＿＿＿＿＿＿＿＿＿＿＿＿＿＿＿＿＿＿＿＿＿

＿＿＿＿＿＿＿＿＿＿＿＿＿＿＿＿＿＿＿＿＿＿＿＿＿＿＿＿＿＿＿＿＿＿＿＿＿＿．

 闯关学习

第一关　第一类换元积分法（凑微分法）

1. 自主学习

计算 $\int \cos 2x \, dx$.

分析：此不定积分的被积函数是<u>复合函数</u>，在积分表中查不到，这是因为被积函数 $\cos 2x$ 的变量是"$2x$"，与积分变量"x"不同. 但如果能把被积表达式改变一下，使得被积函数的变量与积分变量相同，则可用公式

$$\int \cos u\,du = \sin u + C\ (u \text{ 是 } x \text{ 的函数})$$

求出此不定积分.

解：因为 $dx = \underline{\quad\quad} d(2x)$，

所以 $\int \cos 2x\,dx = \dfrac{1}{2}\int \cos 2x\,d(2x) \xlongequal{\text{令}u=2x} \dfrac{1}{2}\int \cos u\,du$

$$= \dfrac{1}{2}\sin u + C = \dfrac{1}{2}\sin 2x + C.$$

注：这种方法的实质是当被积函数为复合函数时，可采用恒等变形将原来的微分 dx 凑成新的微分 $d\varphi(x)$（可不必换元），使原积分变成一个可直接应用积分公式来计算的积分.

第一类换元积分法（凑微分法）：

若 $\int f(x)dx = F(x) + C$，则

$$\int f[\varphi(x)]\varphi'(x)dx \xlongequal{\text{令}u=\varphi(x)} \int f(u)du = F(u) + C = F[\varphi(x)] + C.$$

凑微分法的关键是"凑"，凑的目的是把被积函数的中间变量变成与积分变量相同.

"凑微分"的方法有：

（1）根据被积函数是复合函数这一特点以及基本积分公式的形式，依据恒等变形的原则，把 dx 凑成 $d\varphi(x)$.

例如，$\int e^{2x}dx = \underline{\quad\quad}\int e^{2x}d(2x) = \underline{\quad\quad}e^{2x} + C.$

（2）把被积函数中的某一因子与 dx 凑成一个新的微分 $d\varphi(x)$，而剩下的因子与基本积分公式中的某一个相似.

例如，$\int \dfrac{\ln x}{x}dx = \int \ln x\,d\underline{\quad\quad} = \dfrac{1}{2}(\ln x)^2 + C.$

2. 凑微分公式

（1）$dx = \dfrac{1}{a}d(ax) = \dfrac{1}{a}d(ax+b)$；

（2）$x^\alpha dx = \dfrac{1}{\alpha+1}d(x^{\alpha+1})(\alpha \neq -1),\ \dfrac{1}{\sqrt{x}}dx = d(2\sqrt{x})$；

（3）$a^x dx = \dfrac{d(a^x)}{\ln a}$；

（4）$\dfrac{1}{\sqrt{1-x^2}}dx = d(\arcsin x) = d(-\arccos x)$；

（5）$\dfrac{1}{1+x^2}dx = d(\arctan x) = d(-\text{arc}\cot x)$；

（6）$\dfrac{1}{x}dx = d(\ln x),\ \dfrac{1}{x+1}dx = d(\ln(x+1))$；

（7） $\sin x\mathrm{d}x = -\mathrm{d}(\cos x),\ \cos x\mathrm{d}x = \mathrm{d}(\sin x)$；

（8） $\sec^2 x\mathrm{d}x = \mathrm{d}(\tan x),\ \csc^2 x\mathrm{d}x = \mathrm{d}(-\cot x)$.

第二关　融会贯通

1. $\displaystyle\int e^{3x}\mathrm{d}x = \frac{1}{3}\int e^{3x}\mathrm{d}(3x)$

$$\xrightarrow{\diamond u=3x}\frac{1}{3}\int e^{u}\mathrm{d}(u) = \frac{1}{3}e^{u} + C$$

$$\xrightarrow{\text{还原变量}}\frac{1}{3}e^{3x} + C.$$

2. $\displaystyle\int\frac{1}{2-3x}\mathrm{d}x = -\frac{1}{3}\int\frac{1}{2-3x}\mathrm{d}(2-3x)$

$$\xrightarrow{\diamond u=2-3x}-\frac{1}{3}\int\frac{1}{u}\mathrm{d}(u) = -\frac{1}{3}\ln|u| + C$$

$$\xrightarrow{\text{还原变量}}-\frac{1}{3}\ln|2-3x| + C.$$

3. $\displaystyle\int xe^{x^2}\mathrm{d}x = \frac{1}{2}\int e^{x^2}\mathrm{d}(x^2)\ \xrightarrow{\diamond u=x^2}$ _____.

4. $\displaystyle\int\frac{\ln^2 x}{x}\mathrm{d}x = \int\ln^2 x\mathrm{d}(\ln x)\ \xrightarrow{\diamond u=\ln x}$ _____.

5. $\displaystyle\int(2x+3)^{10}\mathrm{d}x =$ _____.

6. $\displaystyle\int\sqrt{3x+1}\mathrm{d}x =$ _____.

7. $\displaystyle\int\frac{1}{\sqrt{2-5x}}\mathrm{d}x =$ _____.

8. $\displaystyle\int(e^{-x} + e^{-2x})\mathrm{d}x =$ _____.

应知检测

1. 默写凑微分公式.

2. 求不定积分 $\displaystyle\int(x+1)^2\mathrm{d}x$.

作业巩固

必做题：

求下列不定积分：

（1）$\int (3-5x)^3 \mathrm{d}x$ ；

（2）$\int \dfrac{1}{3-x} \mathrm{d}x$.

选做题：

求下列不定积分：

（1）$\int \dfrac{3x^3}{1-x^4} \mathrm{d}x$ ；

（2）$\int \dfrac{\cos\sqrt{t}}{\sqrt{t}} \mathrm{d}x$.

 谈谈你的收获

任务 8.3　分部积分法

 教学目标

1. 知识目标

（1）理解分部积分法，掌握分部积分法的一般步骤.

（2）理解分部积分法的思想方法，能针对不同类型的被积函数，正确选取 u 和 v.

2. 能力目标

（1）掌握分部积分法求不定积分的实质（两个函数先乘积再求导数的逆用）.

（2）培养学生的运算能力和逻辑思维能力.

3．素质目标

（1）通过学习过程培养学生的探索与协作精神．

（2）增强学生的独立思考能力，提高学生的合作学习意识．

4．应知目标

（1）掌握分部积分法的基本公式．

（2）会用分部积分法求函数的不定积分．

 预习提纲

分部积分公式：_____

_____

闯关学习

第一关　自主学习

直接积分法和换元积分法可以解决大量的不定积分的计算问题，但对形如 $\int xe^x\mathrm{d}x$，$\int x\cos x\mathrm{d}x$ 等类型的不定积分，采用这两种方法却无能为力．本节介绍另一种积分方法：**分部积分法**．

由 $(uv)' = u'v + uv'$，得

$$uv' = (uv)' - u'v .$$

两边积分，有

$$\int uv'\mathrm{d}x = \int (uv)'\mathrm{d}x - \int u'v\mathrm{d}x ,$$

即

$$\int u\mathrm{d}v = uv - \int v\mathrm{d}u .$$

公式 $\int u\mathrm{d}v = uv - \int v\mathrm{d}u$ 称为**分部积分公式**．

注：（1）不定积分 $\int u\mathrm{d}v$ 不易计算，而不定积分 $\int v\mathrm{d}u$ 却易于计算，此时可采用分部积分公式，使计算大为简化．

（2）分部积分法是基本积分方法之一，常用于被积函数是两种不同类型的函数乘积的积分．

这类积分在具体计算过程中，如何正确地选定 u 和 v 却显得非常重要．一般来说，要考虑以下两点：

（1）v 要容易求得；

（2）$\int v\mathrm{d}u$ 要比 $\int u\mathrm{d}v$ 容易积出．

第二关　融会贯通

求下列不定积分.

（1）$\int x\cos x\mathrm{d}x$.

解：令 $u = x$，$\cos x\mathrm{d}x = \mathrm{d}(\sin x) = \mathrm{d}v$，则

$$\int x\cos x\mathrm{d}x = \int x\mathrm{d}(\sin x) = x\sin x - \int \sin x\mathrm{d}x = x\sin x + \cos x + C.$$

（2）$\int x^2\mathrm{e}^x\mathrm{d}x$.

解：令 $u = x^2$，$\mathrm{e}^x\mathrm{d}x = \mathrm{d}(\mathrm{e}^x) = \mathrm{d}v$，则

$$\int x^2\mathrm{e}^x\mathrm{d}x = x^2\mathrm{e}^x - 2\int x\mathrm{e}^x\mathrm{d}x = x^2\mathrm{e}^x - 2\int x\mathrm{d}(\mathrm{e}^x)（再次用分部积分法）$$

$$= x^2\mathrm{e}^x - 2\left(x\mathrm{e}^x - \int \mathrm{e}^x\mathrm{d}x\right) = x^2\mathrm{e}^x - 2(x\mathrm{e}^x - \mathrm{e}^x) + C$$

$$= x^2\mathrm{e}^x - 2x\mathrm{e}^x + 2\mathrm{e}^x + C.$$

（3）$\int x\mathrm{e}^x\mathrm{d}x =$ _____.

（4）$\int x^2\sin x\mathrm{d}x =$ _____.

（5）$\int \mathrm{e}^x\sin x\mathrm{d}x =$ _____.

（6）$\int x\sin x\mathrm{d}x =$ _____.

 应知检测

1. 求不定积分 $\int x\ln x\mathrm{d}x$.

2. 求不定积分 $\int \ln x\mathrm{d}x$.

 作业巩固

必做题：

求下列不定积分：

（1）$\int x\mathrm{e}^{-x}\mathrm{d}x$ ；

（2）$\int x^2\cos x\mathrm{d}x$.

选做题：

求下列不定积分：

（1） $\int \ln(1+x^2)\mathrm{d}x$ ；

（2） $\int \arctan x\mathrm{d}x$.

谈谈你的收获

参考文献

吴赣昌. 给高等数学[M]. 北京：中国人民大学出版社，2017.